变态心理学

原来你是这样的大师

第三季

ABNORMAL PSYCHOLOGY

纪如景◎著

中国法制出版社
CHINA LEGAL PUBLISHING HOUSE

莎士比亚说："疯子、情人和诗人，都是满脑子结结实实的想象，疯子看见的鬼比广大的地狱里所能容纳的还多。情人和疯子一样癫狂，他从一个普通人的脸上会看到海伦的美。诗人转动着眼睛，眼睛里带着精妙的疯狂，从天上看到地下，地下看到天上。"

自古以来，艺术家、诗人、画家以其独特的精神气质和杰出的艺术作品流芳后世，在个人生活中，他们却承受着比农民、商人、小职员等更强烈的精神痛苦。和天赋平平的普通人相比，艺术家更容易患上精神疾病，所以普鲁斯特才说："所有杰作都出自精神病患者之手"。

人们常说，疯子的隔壁住着天才，大概因为天才的才华显露总是伴随着精神上的与众不同。细数古往今来的大家大咖，怪癖多多，难以相处已经算不上毛病，就像每一位天才都是一种变态心理的代言人。

画家凡·高、音乐家贝多芬和作家狄更斯是典型的躁郁症病人，物理学家爱因斯坦和雕塑家米开朗琪罗患有阿斯伯格综合征，作家伍尔夫、数学家约翰·纳什则纷纷被精神分裂症折磨，至于科学家牛顿，他能和多种精神病态扯上关系。

大哲学家亚里士多德说："没有一个天才不是带有几分疯癫。"《变态心理学》系列写到第三季，笔者决定走入艺术家的内心世界，用各行各业大师级人物的人生故事来讲述变态心理学。撇开其得天独厚的天分，艺术家也是普通人，他们会生病，会痛，会难忍心灵的痛苦而发出对命运的怒吼，幸运的是，疾病使得他们行为怪异的同时，激发了他们的艺术才能。天才的病态是珍珠般的病态，他们因病而痛，后人却能欣赏到这痛苦带来的灵感迸发。

精神越是不同常人，艺术成就越大，这句话并非定理，但从人类历史观察，却往往有迹可循。卡夫卡一辈子受困于身份焦虑，焦虑毁了他的生活，成就了他的文学；兰波与魏尔伦相恋，其惊世骇俗不为世人所容，那短短几年，却是兰波迸发诗情的最佳契机；强迫型人格的乔布斯如同暴君和独裁者，令他的员工叫苦不迭，他却由此缔造了苹果神话……这样的例子还可以举出许多。

笔者罗列政治家、画家、作家、音乐家等人群的精神状态，旨在让读者换一个角度来了解变态心理。变态心理学中的抑郁症、躁郁症、精神分裂症、阿斯伯格综合征、药物依赖在历史名人身上都很常见，此外，自古以来，作家、音乐家、哲学家中的同性恋者非常多，如果细数，会列出一张冗长的人物名单。

任何变态心理，与个人身体特质、心理特质有关系，与特定历史时期的社会因素也有关系，希望《变态心理学（第三季）》在提供变态心理学范例的同时，为你——亲爱的读者提供一个认识大人物的新视角。若你觉得患有抑郁症的林肯更真实，觉得穿着睡衣见客的爱因斯坦有几分可爱之处，笔者会备感欣慰的。

目 录

Contents

第一章

脆弱又强大——抑郁与躁狂

第二章

冰与火之歌——躁郁双相

第三章

天才的隐性基因——精神病

第四章

幻觉中的灵感——歇斯底里与怪癖

第五章

笨拙的天才——阿斯伯格综合征

第六章

巨人的卑微——焦虑障碍

第十章

其他障碍

第一章

脆弱又强大
——抑郁与躁狂

抑郁症患者——林肯

作为全球第四大疾病，抑郁症已经成为继心脑血管病、癌症、糖尿病后的第四大“人类杀手”。如今，全球有 3.4 亿人饱受抑郁症之苦，这个数字还在逐年攀升，根据世界卫生组织的预计，到 2020 年，抑郁症将成为仅次于心脏病的人类第二大疾患。抑郁症是一种多发且难以治疗的心理疾病，在人群中，平均每 100 人中有 6 名抑郁症病人，重度抑郁症病人具有强烈的求死欲望，每 5 名抑郁症病人中，有 1 人将自杀付诸行动。

有的人将抑郁症看作心理感冒，由于意志不够坚强，心理抗压能力差，便长久地闷闷不乐，失眠多梦，对生活没有兴趣。实际上，抑郁症比人们玩笑中所说的“你又抑郁了”严重得多。抑郁症是心境障碍的一种，严重时能发展为重度精神障碍，不仅影响病人的正常社会功能，还会导致自杀。

临床上，抑郁症最显著的表现是持久的心境低落，而且是与自身处境不相称的心境低落。病人闷闷不乐，自卑抑郁，悲观厌世；在生活上表现为情绪消沉，焦虑烦躁、坐立不安，没有兴趣参与日常活动，无法体验愉快情绪，整日愁眉苦脸，忧心忡忡；在社会功能方面表现为社交能力障碍、不合群、离群，出现躯体不适、精力减退、持久性疲乏而无法胜任工作。

悲痛欲绝时，病人认为活着没有意思、度日如年、生不如死，在绝望无助下有企图自杀行为，不少人尝试自杀并且自杀成功。部分病人出现明显焦虑，还有运动性激越，严重时出现幻觉、妄想等精神病性症状。抑郁症发作短时可持续两周以上，长时可持续一年或数年，发作后症状有不同程度的缓解，多数人反复发作。

抑郁症之强大，可以堂而皇之地入侵任何人的生活。不论这个人有何等社会成就，有何等社会地位，教育水平如何，财富总值如何，抑郁症并不只“关照”穷途末路之人，大有前途之人也逃不掉。在人类历史上，许多工作勤奋、有前途、有才华的人都深受抑郁症困扰，美国前总统林肯、大作家托尔斯泰、音乐家海德尔都是抑郁症病人，饱受抑郁症之苦，美籍华裔作家张纯如在写作《南京大屠杀》期间看到了太多人性之恶，患上了抑郁症，最终自杀身亡。

亚伯拉罕·林肯是美国第十六任总统，林肯是解救美国的大英雄，曾经带领美国人民走过艰难困苦的岁月。多年来的民众评选中，林肯始终占据最受美国人爱戴的总统一栏的第一位。1860 年，林肯也是美国历史上最受人景仰的总统之一。51 岁，他以不超过 40% 的选票当选为美国总统。彼时南北战争一触即发，国内混乱动荡，情形艰难，可以说，他接手了一个烂摊子。这位总统没有时间享受，这位伐木工人出身的一国领袖正被不信任和嘲笑的眼睛盯得死死的。

林肯是完美的政治家，是和平缔造者，也是杰出的爱国者。在美国人眼中，他是像神一样存在的人物，然而，这个历史伟人却曾深受抑郁症之苦。由于独特的生活经历和工作压力，林肯患上了严重的抑郁症，他对生活失去了兴趣，感觉工作没意思，对未来的绝望感甚至影响了他的生活和工作。从年轻时开始，林肯就表现出对自己的不自信，因此他的性格有些飘忽不定，时而信心十足，时而迷茫无措。据史学家研究，林肯在 26 岁和 32 岁时有过两次严重的抑郁症发作，严重到差点自杀。他在给友人的信中说：“现在我成了世界上最可怜的人……我不知道自己能否好起来，我现在这样真是很无奈。对我来说，或者死去，或者好起来，别无他路。”

尽管终生与抑郁症相伴，林肯依旧找到了尽量摆脱疾病困扰的方法——幽默感。在美国人相对保守、不苟言笑的年代，林肯是一个极富幽默感的人。他曾形容自己短暂的军旅生涯是“与军营里的蚊子进行无数次的血战”；面对得意忘形、举止失当的将军，林肯如此教训说：“看你昏头昏脑的样子，就像只头上挨了一闷棍的鸭子。”弗洛伊德将幽默感看作健康的心理防御机制，林肯的幽默感正是他宣泄悲哀、消极情绪的最佳方法。

人们尚不清楚导致抑郁的原因，目前的研究证明，心理因素的影响更大一些，同时有遗传因素的存在。林肯的母系和父系的家族成员都曾出过抑郁症病人。9岁时，林肯的母亲以一种奇特的方式去世了——她喝掉了一杯牛奶，然后中毒身亡。母亲的去世给了林肯沉重的打击。成年之后，林肯结婚成家，生儿育女，可是4个儿子中有3个夭折，每一个孩子的去世对他都是严重的心理打击。

通常情况下，抑郁症病人会服用神经抑制药物控制症状，这类药物有一定效果，但是存在巨大的副作用。为了对抗抑郁症，林肯一直在服用一种蓝色药丸，那是用来治疗精神忧郁的药物，直到入主白宫后，他才停止服用——因为那种药物让他脾气暴躁，一触即发。后世的医疗史学家经过研究证实，那个“蓝色药丸”含有水银成分而且含量远远超过了安全数值，如果林肯继续服用，不仅会使他脾气暴躁，还可能置他于死地。

走了一段弯路后，林肯开始从心理层面面对自己的问题。他尝试了鼓励疗法。有一次，他在参与公众活动时听到了大量赞扬之声，事后，他感觉精神愉快。民众对他工作的期待，让林肯找到了工作的动力。后来，他习惯性地将报纸上赞美自己的报道剪下来，整理成小册子，每当心情压抑时，他就拿出来看一下，以振奋精神。一段时间后，林肯又重新找回了自信。所谓心病仍需心药医，应对抑郁症，除了医生的指导和药物治疗，最根本的力量在于自己。

别了，卡列尼娜——托尔斯泰

著名主持人崔永元在为一本抑郁症类图书撰写的序言中说：“抑郁就像当官，当得好好的，忽然被降了一级，天知道是好事还是坏事，没得说了。”在小崔之后，越来越多的明星敢于承认自己得了抑郁症，民众对“抑郁症”的了解也逐渐深入起来。

写作本身不失为一种心理治疗方式。许多作家、作曲家、画家凭借艺术创作解决精神障碍、抑郁、恐惧等人类天生要面对的问题，但也不乏写作者陷入抑郁中的案例，如列夫·托尔斯泰。作为俄国批判现实主义作家，托尔斯泰一生都在理想追求与所处阶级的矛盾中挣扎着。

抑郁症可分为轻度抑郁和重度抑郁。轻度抑郁以一种挥之不去的愁绪萦绕人心，如同氧气锈蚀钢铁一般。轻度抑郁症病人异常敏感，微不足道的变化就能引起其巨大的内心危机，愁苦将快乐、平和等情绪通通挤走，愁得人眼神呆滞、动作僵硬，甚至伤及骨骼和心肺。陪伴托尔斯泰终生的是持久的、弥散的轻度抑郁。

出身贵族，世袭伯爵决定了他与下层劳苦大众的阶级距离。带着善良与爱生活在污浊的环境中，托尔斯泰年轻时染上了贵族社会的不少恶习，他酗酒、赌博、不务正业、私生活放荡。这些堕落之行在他的《忏悔录》中得以体现，中年时的托尔斯泰严格地批判了十几二十岁的自己。

他将心灵的堕落归结于“没人给我灌输过任何道德观念，绝对没有”，他学着身边的大人抽烟、喝酒、淫乱、打人、理所应当地被人伺候，一切都是模仿。而且，身边的大人鼓励他自暴自弃，放弃道德，一旦他想要做一个有道德的人，他便遭受轻视和嘲笑。任何坏的东西，虚荣、权力欲、自私、淫欲和愤怒都会得到尊重。

俄罗斯男人大都酗酒如命，赌博成性，这些毛病，托尔斯泰一并拥有。海子在他的诗歌《给托尔斯泰》中写道：我想起你如一位俄国农妇暴跳如雷，的确，在面对社会不公时，托尔斯泰时常跳出来指责贵族阶层。他痛恨自己是一个地主，于是热心参与社会改革活动，还打算把土地分给农民。

托尔斯泰的出身和他的道德信仰决定他是一个矛盾体，终生无法摆脱心灵上的折磨。他痛恨俄国社会的不公，抨击上流社会的奢侈腐化，从《安娜·卡列尼娜》中列文这个形象可以看到现实中的托尔斯泰，他善于思考，对哲学研究颇有兴趣，并且致力于农事改革，可惜他本身就是地主贵族出身，他的抨击对象、改革对象和口诛笔伐的对象中就包括了自己。

晚年的托尔斯泰陷入焦虑状态，抑郁症的折磨使他每天都在质问生命的意义。在家里，他脾气暴躁，难以与人相处，三番五次地离家出走。从1860年开始，托尔斯泰便陷入了精神危机，1873～1877年，他经过12次修改，写完并发表《安娜·卡列尼娜》，之后，他完全放弃了小说写作，将兴趣转向哲学、宗教方面，他宣称："艺术不仅是没用的，而且是有害的。"由于写作大量论战作品，托尔斯泰的作品被查禁，他和教会也发生了决裂。

在《忏悔录》中，托尔斯泰探索了自己的抑郁倾向。《忏悔录》帮助他粗浅地分析了别人，更重要的是不断否定自己，认识自己与自然之间的距离。回想起年轻时代的生活，托尔斯泰说："我在战争中杀死过人，找过人决斗想送掉他的命，我打牌输了不少钱，挥霍农民的劳动成果，还惩办过他们。我生活腐化，对爱情不忠；我撒谎骗人，偷鸡摸狗，酗酒斗殴……凡是犯法的事我都干过。而干了这些事我的同龄人至今一直把我看成正人君子。”

人们在司空见惯的日子里过生活，托尔斯泰却觉得一切都不正常，或者反过来说，世界是正常的，只有他发疯了。他自己也承认，“我知道，我是疯子”“我在这疯人院里难过极了”。改变自己的生活方式和自我折磨都是托尔斯泰为了减轻内心愧疚感而采取的行动。他开始讨厌人情世故，拒绝亲友间的应酬，不出席贵族宴会。他还戴着草帽，穿上旧衣服在农田里干活。这一“改变”发展到极致，他想要解放他的农奴——把他的田地分给农奴。同时，他还打算把他的著作版权无偿捐给社会。

82 岁那年，托尔斯泰最后一次出走，这已经不是他第一次离家出走了。

1884 年，托尔斯泰第一次出走，可是走到半路，他发现自己缺乏力量，不得不返回家中。他为自己的庄园生活感到羞耻，他在《忏悔录》中写道："我们这种富豪的、博学的人们的生活不仅使我反感，而且失去了任何意义。"另一方面，他又逃脱不掉，他想要放弃家产和著作版权，把自己的利益纷纷送给穷人，以求得良心安慰，这一决定让他的妻子大为光火，还招来了企图窃取版税的小人。

在与妻子的"战争"中，托尔斯泰奉行的是"不抵抗主义"。他把错误归结到自己身上，原谅他人的错误，这种宽容谅解的态度导致他的晚年生活并不美好，或者说，充满了责难。他以出走的方式表明自己与贵族生活的决裂，即与托尔斯泰夫人的决裂，虽然为时已晚，他依然想要过自食其力的劳动生活。

1910 年 11 月 10 日，凌晨 5 点不到，托尔斯泰带着日记、铅笔和羽毛笔离开了波良纳庄园。作为俄罗斯最著名的人口失踪事件，两天之后，托尔斯泰的出走引起了轰动。媒体猜测，他为什么要离开？有人说他踏上了心灵的旅途，有人说他只是想逃离婚姻的麻烦。

几天之后，托尔斯泰病倒在火车上。寒冷的天气使他患了肺炎，他不停地咳嗽、发高烧，以至于他的私人医生只能带着他在阿斯塔波沃（Astapovo）车站下了车，7 天之后，托尔斯泰病逝在简陋的站长室里。

产后抑郁症——戴安娜王妃

怀胎十月，准妈妈每天都在盼望宝宝的到来。宝宝出生后，问题来了，新妈妈并没有预期中那样兴奋、充满幸福感，每天把时间、精力放在照顾孩子上，夜里起来照顾啼哭的婴儿，休息不够，身心疲惫，新妈妈逐渐变得沉默、忧郁，脾气很坏。如果你也有这些症状，那么要小心了，你可能得了产后抑郁症。

产后抑郁症通常出现在分娩后的几个星期内，短的持续一个星期，长的持续一个月甚至更长时间。产后抑郁症的出现和产后体内的荷尔蒙分泌有关，另外，情绪上的紧张，身体的疲惫，由婴儿啼哭造成的失控场面，缺乏他人关怀和情感支持，突如其来的角色变化等都让新妈妈感到恐惧，压力倍增。

据统计，有五到九成的新妈妈会患上产后抑郁症。产后抑郁症分为几种情况，如心境不佳，产后抑郁和产后精神病。单纯的心境不佳会导致新妈妈感觉委屈、流泪，闷闷不乐，通常情况下，心境不佳的症状都能自行恢复，在日本，这种现象被称为“三日闷”。

产后抑郁的症状则复杂一些，新妈妈心情恶劣、身体疲倦、无心打扮，也不思饮食，伴有头痛和全身疼痛，严重者会出现虐待（忽视）婴儿和自杀的现象。产后精神病的比率非常小，不到 1%，产后精神病的症状包括妄想、幻觉，想象加害自己或婴儿，伴有自杀倾向。

英国王室最著名的王妃——戴安娜王妃曾是一位产后抑郁症病人，伴有神经性厌食症及自杀行为。1997 年，年仅 36 岁的戴安娜王妃在车祸中身亡，与她一起去世的是来自埃及的亿万富翁法耶兹，这场悲剧直接源于不停跟拍的狗仔队和醉酒的司机。在真正迎接死亡之前，戴安娜多次与死神擦肩而过，在 15 年的不幸婚姻中，她与神经性厌食症、产后抑郁症做斗争，多次尝试过自杀，人们对戴安娜王妃的去世，唏嘘的不只是她的香消玉殒，而是她刚刚走到幸福门前，尚未敲开，而一切都来不及了。

戴安娜的父母在她 8 岁那年离婚，这还不是她悲惨人生的开始，嫁给查尔斯王子，成为戴安娜王妃才是她不幸的开端。查尔斯王子比她年长 13 岁，两人结婚时，他的心里爱着另一个女人——卡米拉。在戴安娜去世后公开的录音带中，戴安娜谈到婚姻时说："结婚那天，是我一生中最糟糕的日子。"她形容自己"像死一般平静"，如同待人屠宰的羔羊，今后将面临何种命运，她并无选择自由。

戴安娜和她的夫君并没有太多幸福快乐的回忆，结婚没多久，戴安娜就开始为查尔斯的不忠痛苦。怀孕之后，他们的夫妻关系并没有得到改善。戴安娜是一个非常情绪化的女人，很敏感，很容易受到伤害，而王室生活要求她将责任放在第一位，压抑丰富细腻的感情。王室对查尔斯与卡米拉的关系手足无措，戴安娜则要独自承担痛苦。

为了迎接威廉王子的诞生，戴安娜在产房里待了 16 个小时，孩子出生后的礼炮声、教堂钟声和街头通报员摇起的铃铛声对戴安娜没有半点安抚作用，在查尔斯对她的腰身随口评价了一句"有点肥"之后，戴安娜便陷入了神经性厌食症当中。3 个星期后，她停止了对威廉的母乳喂养，转而开始用催吐方法减掉腰上的赘肉。

糟糕的情绪、杂乱无章的饮食，完全被破坏掉的荷尔蒙分泌系统，把戴安娜整个人都毁掉了，她患上了产后忧郁症。她情绪起伏不定，发作起来尖叫、啜泣、号啕大哭，时间可以持续两三个小时。威廉参加受洗仪式时，被看成“疯子”的戴安娜没能出席，心烦意乱的新妈妈吃掉了一大把安眠药，喝了半瓶子苏格拉威士忌，被匆忙送到医院洗胃后，她才捡回了一条命。

除了自杀，戴安娜还自虐。她尝试过用刀片割腕，用头撞向玻璃门，用柠檬去皮器划伤自己的胳膊，实际上，早在她怀着威廉王子时就曾经故意从楼梯上摔下来，她四肢摊开、躺在大理石地板上的样子吓坏了她的婆婆，以至于女王陛下身体颤抖，不能上前帮忙照顾。她或许并不是真的想流产或者死掉，而只是想要吸引查尔斯的注意。爱情的破灭、与疾病作斗争，多次尝试自杀以及与王室成员的关系，在与查尔斯的婚姻中，戴安娜是孤独而绝望的。

戴安娜逃避烦恼、摆脱抑郁的手段之一便是婚外恋。在令人绝望的婚姻中煎熬着，戴安娜在追求爱情时不得不小心翼翼、战战兢兢，如此一来，原本脆弱的神经再次加重了负担。在一次出访中，戴安娜为了发泄心中的不满，做出了一个报复性的举动——躲避查尔斯的亲吻。在全世界的摄像机面前，当查尔斯礼节性地想要亲吻戴安娜时，她躲开了，这个信号完全传递出她的意图：王子和灰姑娘的爱情童话早已经破灭。

从戴安娜的经历中可见，生育和对婚姻的失望是戴安娜陷入抑郁的根本原因。对女性来说，一生中有两个关键期，一是分娩期，二是更年期，相应地，这两个时期也会导致不同程度的身体和心理疾病。从内因来看，性格脆弱、抗压能力差的新妈妈容易患产后抑郁症。婴儿的诞生给她们造成了巨大的压力，使其神经紧张，继而诱发抑郁。

外因方面，缺乏温暖的家庭、糟糕的夫妻关系、婆媳不和及经济、环境压力等也会诱发产后抑郁。比如，职业女性在处理家务的同时还要承担事业重任，从怀孕期到哺乳期，职业女性承受着巨大的压力，内心委屈，抑郁自然随之而来。

即使是富有责任心的妈妈，面对妈妈这个新角色和需要为其一切负责任的小家伙，也难免产生束手无策，无能为力的感觉，如果对自己还有不切实际的要求，产后抑郁在所难免。有的人症状明显，有的人表现隐秘，不易察觉，如果影响到照顾婴儿、做家务，影响了自己的生活，那么抑郁的程度已经很严重了。

准妈妈应该在产前对产后抑郁症有所警惕，在狂补育儿功课的同时，注意学习应对产后抑郁的方法。尽管大多数人的产后抑郁能在一段时间后自然消失，但也有人深陷其中，需要来自外界的帮助。

这时候，一些小技巧就派上用场了。比如，主动寻求他人的帮助，放弃要强，接受别人的帮助，不要再以完美主义标准要求自己，降低对自己的期待值。观察宝宝的作息规律，在宝宝睡觉时，妈妈也跟着小睡一会儿。把内心感受向爱人、父母或朋友倾诉，偶尔和爱人外出吃顿晚餐，和朋友约会、逛街，转换心情。产后精神病的症状无法自行恢复，情况严重时，一定要寻求心理医生的帮助。

能者皆狂——来一点轻躁狂

在心境障碍中，与抑郁相对的是躁狂。根据 CCMD-3（《中国精神障碍分类与诊断标准第三版》），躁狂症以情感高涨、思维奔逸、语言增多及易激惹为主要临床症状，伴有精力旺盛、活动增多，严重时出现精神分裂症症状，如幻觉、妄想、紧张。躁狂发作一般可持续一周以上，发作后进入缓解期，大多数人反复发作。

轻躁狂在程度上比躁狂症轻一点，表现为持续的轻度心境高涨，活动增加，精力旺盛，话语多，社交活动增加，性欲增强而睡眠时间减少，但这些症状并未影响社会功能，也没有幻觉和妄想出现。轻躁狂与躁狂症的最大区别在于不会出现精神病症状，对社会功能的影响非常轻微，因此许多轻躁狂病人具有旺盛的精力和创造力，一些取得非凡成就的天才也被证实，轻躁狂是其日常生活状态。

好莱坞著名演员罗素·克洛是一位演技精湛的演员，曾出演《角斗士》《美丽心灵》《悲惨世界》等电影，是一位令人难以抗拒的电影明星。与此同时，他也是一位轻躁狂病人，以傲慢自大、极端自我的性格获得了“最无法被驯服的明星”称号。

易怒且脾气火爆是罗素·克洛最大的性格特点，脾气一点就着，做事冲动，不顾后果，在他的伤人记录中，他曾经对英国电视台的监制动粗，在醉酒之后对酒吧保镖动粗，在拍电影期间用电话机砸酒店的工作人员……罗素·克洛的暴脾气饱受批评，也给他带来了伤害罪名和巨额罚款，为此，他曾经发誓要控制自己的坏脾气。很可惜，轻躁狂病人并不能有效控制情绪，人际冲突是这类人的长久困扰。

凡事永远利弊相对，祸福相依，轻躁狂给人自大、坏脾气、刚愎自用的印象，另一方面，他们具有无限的创造力，对成功有强烈渴望，他们的脑子里充斥着各种鬼点子，其中不乏夸张的想法和惊世骇俗的言论。他们外向，心情总是不错，头脑聪明，口齿伶俐，像狮子一样生机勃勃。

美国历史上唯一一位连任四届的总统富兰克林·罗斯福亦是一位轻躁狂

“病人”。他在12年的任期中完成了如下大事业：在经济危机时期实行“新政”，使得美国缓慢地克服了经济危机，建立起福利国家模式；发起建立了世界反法西斯联盟，抵抗法西斯的暴行，并倡导建立了联合国；他扩大了中央政府的权力，首创干预经济生活的先例……

在那个动荡、变革，充满血腥和恐怖的年代，专政、独裁和个人崇拜盛行，重实效、轻说教的罗斯福一路乘风破浪，实现了从律师到总统的不败之旅。这位杰出的政治家在工作上事必躬亲，他的精力仿佛不会枯竭，脑子里不停在想新点子，制订新计划，他的众多决策是以孤注一掷的方式做出的。他口才卓越、政绩出色，以至于他的政敌只能拿他的残疾来攻击他。

如此旺盛的精力难免令人生疑，尤其在“二战”期间，罗斯福长期睡眠不足，却依然能保持旺盛的精力。有人认为总统休息得好，也有人认为他服用了特殊的营养品，调查结果显示，罗斯福每天花一个小时在自己的房间里摆弄邮票，这便是他改善郁闷心情、摆脱疲惫的方法。

轻躁狂会让人思维敏捷，精力充沛，富有自信，积极乐观，工作效率高且对睡眠的需求量少，他们的梦想大概是想成为超人。不过，轻躁狂者也要小心，按照轻躁狂的走向，它有两个可能的转化方向，即抑郁和躁狂。抑郁和躁狂往往是相伴的，单一的躁狂症并不存在，90%以上的躁狂伴有抑郁发作。轻躁狂也是如此，其创造佳绩的概率比普通人高，其抑郁发作的概率也比普通人高。

发爱情高烧的恋人、人生春风得意的青年才俊都会经历转瞬即逝的轻躁狂状态，但他们不会为此发展为躁狂症病人，而具有轻躁狂基因的人更容易发展为躁狂症病人。与截然相反的抑郁发作相比，轻躁狂进入躁狂会变得心情更好，社交活动更多，表情越来越夸张，由于往同一方向发展，若是程度变化不大，亲友不易发现。

见证人性之恶——张纯如

“我有抑郁症，所以就去死一死，没什么重要的原因，大家不必在意我的离开。拜拜啦。”这是一条来自重度抑郁症网友的微博，在发完这条微博后，她选择了自杀，这句话亦成为她对“自杀”的全部解释。

近年来，重度抑郁症导致自杀的案例不绝于耳，据世界卫生组织估计，在全球自杀者中，七成以上是抑郁症病人。有人用一句话形容抑郁症病人的内心世界：走在街上，觉得每一个人都比自己有用。正是这种对生活的无力感，对自身价值的低认知，导致其长期在消极与痛苦中质疑自己，痛苦到不能自拔时，便只剩下自杀这一条路。

人们熟知的抑郁症病人总是与演员、作家、艺术家、媒体人有关系，比如作家三毛，比如演员张国荣，比如作家张纯如。如此看来，貌似抑郁症是一个“高级病”，多发生在精英人士身上。从统计数据上看，的确是这样的，尤其是从事艺术创造的人群，他们更容易经历情绪紊乱，在所有行业中，全职的艺术工作者罹患重度抑郁症的比率非常高。

如此结果有客观原因也有主观原因。客观上，从事艺术工作依靠的是才华和名声，从业者中，写作也好，画画也好，搞音乐创作也好，苦心经营多年，渴望着作品被人接受和理解，可是大多数作家、画家、音乐家不得不面对收入不稳定、工作时间不固定，长期承受孤独寂寞的痛苦，客观条件让他们变成了抑郁症易感人群。

主观上，从比例上看的话，艺术创造者原本就是抑郁型气质类型。从气质类型上看，抑郁质更适合进行与灵感有关的创造工作，也更容易在艺术创造方面有所成就，成为全职从业者之后，艺术家的特殊气质与客观工作环境结合起来，激发出了抑郁状态。

单就作家来说，因个人生活与创作经历而患上抑郁症的不在少数，近代学者王国维、作家三毛、诗人海子皆因抑郁症走上了自杀的不归路，因写作言情小说走红的网络作家匪我思存亦因为抑郁症发作而暂停工作。作家群如此地高发抑郁症，以至于人们感叹，作家圈成了抑郁症的重灾区。当然，每一位抑郁症病人都有其自身的复杂因素，不可一概而论，如美籍华裔作家张纯如，她的抑郁症不仅因为作家这一独特的工作模式，还因为她在撰写《南京暴行：被遗忘的大屠杀》一书时所见的人性之恶。

自杀之前，张纯如被诊断患有抑郁症，还曾住院 5 个月，接受精神医师的治疗。那时，她正在为第四本书《菲律宾的死亡之旅》——描述“二战”期间在菲律宾巴丹半岛和日军作战的美军坦克营官兵的书籍，与《南京大屠杀》一样，这也是描写日本军人暴行的一本书做准备，多位八九十岁的“二战”老兵等着她去采访。同时，她的儿子被诊断患有孤独症——由于多次流产和免疫系统的问题，她的孩子是通过代孕母亲生的。

张纯如于 1968 年生于美国新泽西州普林斯顿，是第二代美籍华裔。她成长在书香门第，祖父是一位从大陆移居台湾的报业人士，父亲从台大物理系毕业后到哈佛大学留学，后应聘到伊利诺伊大学香槟分校担任教授，母亲是一位生物化学研究者。

张纯如毕业于伊利诺伊大学，在大学时期学习新闻，从事过记者工作，后来为多家杂志撰稿，并进行历史写作。她的前两部作品《中国导弹之父》和《华裔美国人》关注华人在中国、美国的生活。作为一个美国人，张纯如从家族历史中产生了对南京的兴趣，或许是责任，或许是义愤，张纯如开始为写作《南京暴行：被遗忘的大屠杀》收集资料。

1995 年，张纯如前往南京，她去大屠杀发生地查找资料、做采访，同时给南京带去了大量国内找不到的史实材料。为了写作，她在南京待了 25 天。南京气候炎热，由于气候不适应，她经常感冒，尽管如此，她依然坚持每天工作 10 个小时以上，采访南京大屠杀的幸存者，探访日军暴行的发生地，翻阅国内关于南京大屠杀的资料。历史资料尽显人性丑恶，残忍血腥的场面让她倍感痛苦。据张纯如的丈夫回忆，她在查阅资料时，经常泪流满面，气得发抖。

在写作《南京暴行：被遗忘的大屠杀》一书时，她在耶鲁大学图书馆意外地发现了《拉贝日记》—— 一位德国纳粹分子约翰·拉贝（John Rabe）记录的南京大屠杀情形。这份材料如今成为日军在南京暴行的如山铁证。1997 年，《南京暴行：被遗忘的大屠杀》出版，书中描写日军在南京强奸、虐待、杀害大批中国平民的详情。这本书为不到 30 岁的张纯如赢得了前所未有的名声，将她推向了事业的顶峰，同时，她也为此付出了沉重的代价。

张纯如自杀，抑郁症是最重要的原因。写完《南京暴行：被遗忘的大屠杀》后，她的身体情况开始恶化，全身心的写作本身就是一种体力活，书稿完成后，她的体重下降，开始失眠，并且掉头发。糟糕的生活状态是一针催化剂。为了宣传书籍，她马不停蹄地巡讲、签售，长途跋涉和严重的睡眠不足透支了她的全部体力。另外，《南京暴行：被遗忘的大屠杀》的出版引来了日本右翼分子的攻击，她的书在日本无法出版，还有日本人对她进行威胁、恐吓。

由于长时间无法好好休息，张纯如陷入了精神失常，家里人吓坏了，带她去看医生，被医生诊断为抑郁症后，张纯如遵从医嘱，服用了大量抗抑郁的药物，可能是医生的用药量没有考虑到亚裔人种的特殊体质，服药之后，强烈的副作用导致她出现幻觉和自杀倾向。许多抑郁症病人都有相似的用药感受，如用药后比以前更紧张，焦虑变得严重，记忆力下降，吃药后马上缓解，过后又重现这些症状。

学术界的主流观点认为，抗抑郁药物之所以增加了病人自杀的风险，是因为药物起效慢。在 2 ~ 8 周不等的起效时间里，不良反应是难以预测的。病人承受着抑郁情绪带来的痛苦，还要承受药物副作用，病人原本的心境就是负面的，药物增加了身体痛苦，同时增加了情绪上的负担。

许多重度抑郁症病人有自杀的想法，但是抑郁带来的无力感太强烈了，根本无法实施自杀行为，服用抗抑郁药物后，病人的行动力获得了提升，伴随着没有消除的自杀念头，这个时候最有可能实施自杀。资料显示，抗抑郁药物与病人的自杀冲动没有必然的相关性，但是可以肯定，药物促使病人的行动力增强了。

喜剧灵感来自绝望——金·凯瑞

一个人得了抑郁症，他去找医生帮忙，说："我很不高兴，你能不能治疗一下我的抑郁症呢？"

医生说："为什么不去看小丑的演出呢，我保证你看完之后会开怀大笑。"

"但是，医生，我就是那个小丑。"

给观众带去欢笑的小丑竟然无法让自己快乐。让别人快乐，自己咀嚼痛苦，这似乎是所有喜剧演员的宿命。喜剧大师卓别林也好，"好莱坞喜剧天王"金·凯瑞也好，都难逃抑郁症的困扰。卓别林一辈子未能摆脱抑郁症，金·凯瑞则用抑郁症中的绝望创作喜剧。

金·凯瑞被誉为"好莱坞喜剧天王"，他用《楚门的世界》《变相怪杰》《冒牌天神》《新抢钱夫妻》等电影娱乐了全球观众，但私下里，他却长期受抑郁症困扰。他把乐观开朗和爽朗笑声送给了观众，把心理低潮与抑郁情绪留给了自己。早在2004年的采访中，他就坦言自己患上了抑郁症，并且服药很长时间，可惜药物并没有彻底改善他的精神状况。

抑郁症可以追溯到童年期遭遇的生活事件。金·凯瑞的童年并不幸福，他的母亲身体不好，长期卧病在床，为了让生病的母亲心里舒服些，他经常表演一些滑稽动作，如撞墙、扮演蟑螂、从楼上摔下来等。16岁那年，父亲失业，家庭失去了唯一的经济来源，作为家中最小的孩子，金·凯瑞也出去工作，只可惜，他们一家子人不是当保安，就是当门卫。

从低层中产阶级降到赤贫阶层，金·凯瑞一家人不得不挤在一辆货车里生活。巨大的生活变迁让他变得乖戾异常。走上喜剧表演之路后，金·凯瑞用收入养活自己和父母，在表演领域，他则以完美主义来要求自己。从模仿别人到展现自己的喜剧天赋，金·凯瑞的每一步都是在严格自我要求下走过来的。

查理·卓别林是全世界公认的喜剧大师，在超过70年的职业生涯里，他从《雾都孤儿》式的童年时代走到了电影工业的顶峰，为电影观众带去无尽的欢乐，他本身亦成为一个文化偶像。卓别林的童年时光比金·凯瑞要凄苦得多。

卓别林的母亲汉娜是一个多情的女人，婚前曾与剧团演员私奔，婚后又与另一位演员发生婚外情并生下了私生子。卓别林的一生在女人方面问

题多多，不可排除母亲对他的影响。幸福的家庭瓦解后，卓别林的父亲成了酒鬼，年仅 37 岁便去世了。汉娜独自一人抚养两个儿子，她的情绪不稳定，最终发疯被关进了精神病院，生活无助的卓别林和他的弟弟被送进了孤儿院。

母亲是卓别林与抑郁症纠缠的根本原因，这直接导致他难以忘怀自己的初恋情人，对多部电影的女主角产生感情以及持续不断的失败婚姻。在电影《城市之光》中，我们可以看到卓别林自己的影子。潦倒的流浪汉爱上了失明的卖花姑娘，这是一个不切实际的爱情故事。从取笑他，同情他，到复明后的认出他，这个电影让观众看到了人生百态，也看到了卓别林经历过的情路坎坷。

抑郁症有两个深层的心理原因，即担心失去爱和担心自己无能。这是每个人都存在的脆弱之处，区别只在于强度大小而已。然而在过分推崇快乐的社会里，这种担心变得谨小慎微。人们把快乐当作财富，快乐是一种能力，快乐的人才招人喜欢，反过来，不快乐是羞耻的，久而久之，不快乐的人觉得自己也变得羞耻起来。这种对情绪的认知有失偏颇。快乐与悲伤是共存的，生活总有不如意，人也的确会有唯恐失去爱，对自己不满意的时刻，这些都是真实存在的情感，怎么能漠视呢?

抑郁症来袭时，整个人都会陷入绝望，苦于寻找出路，却永远找不到问题的解决办法。一段时间后，整个人似乎又恢复正常，可以工作，可以向他人展露微笑。但是用不了多久，一切卷土重来，心绪不宁、烦恼不安等情绪如亲戚般反复光顾，心灵不胜其扰。人们不禁质疑，深陷抑郁又如何创作喜剧作品呢，金・凯瑞给出的答案是：这种喜剧才能完全来源于绝望。

除了个人因素之外，喜剧演员的职业本身也容易激起人的抑郁特性。登峰造极的大师多有强烈的完美主义倾向，工作中稍有不满意就自我批评，为了做好一件事，花费大量时间钻研，反复尝试。金・凯瑞曾经在片场用完全不同的五种方法表演一个喜剧桥段，表演在众人面前的五种方法，是他私下里经过几十次试验后选择的精华部分。

扮丑扮蠢，极尽所能地侮辱自己，揭露残酷的事实，这是喜剧演员达到喜剧效果的方法。表演的过程实际上是降低自尊的过程，而寻找笑料的过程让喜剧演员认清了现实，思想深刻的人总是容易对世界悲观失望，在此情况下还要以喜剧的方式展现出来，对演员来说简直是自我撕裂。

职业与性格是相互影响的，具有某种性格特点的人更喜欢某种职业，反过来，出于职业需求所做的事，要扮演的身份也会影响一个人的性格和心理特征。喜剧演员的职业要求便是将欢笑带给观众，而演员自身的负面情绪被压抑下来。

用强颜欢笑掩盖悲伤的方式并不是健康的心理调节模式，人都有喜怒哀乐，喜剧演员也不例外，一个人总是逃避痛苦，压抑悲伤，长此以往，不能面对真实的自己，岂能不抑郁？健康的生活方式应当是接纳一切情绪，悲伤时便悲伤，欢笑时便欢笑，不压抑也不逃避，允许自己情绪低落，不开心，也积极享受每一分钟的快乐时光。

第二章

冰与火之歌
——躁郁双相

钟情风景不画人——列维坦

躁郁双相也是心境障碍的一种，指的是既有抑郁发作，又有躁狂发作的心境障碍，又称为躁狂抑郁症。临床研究发现，病人在躁狂发作之前会经历短暂的、轻微的抑郁发作，为此，有学者将抑郁发作看作单相障碍，而把躁狂发作看作双相障碍。双相障碍有两个亚型，双相 I 型指有躁狂或混合发作及重性抑郁发作，双相 II 型指有轻躁狂及重性抑郁发作，无躁狂发作。

混合型的躁郁症比较少见，即躁狂症状和抑郁症状同时出现在一次发作中。比如，病人在躁狂发作后立刻转入抑郁，几个小时候再度躁狂发作，即混合现象。不过，混合型持续时间不长，多数会转入躁狂发作或抑郁发作。

直到今天，躁郁症依然难以准确与正常状态划清界限，人们习惯把工作或生活带来的喜怒无常看作平常事，除非症状严重，没有人会往病态的方向思考。但是，如果一个人连续地出现情绪高涨又无法完成任务，伴随焦虑、抑郁、易怒，兴高采烈地说话做事却总是遇到麻烦，出现酗酒或滥用药物的现象，行为怪诞且出现睡眠障碍，那么身边的亲友可以考虑躁郁症的可能。酗酒或滥用药物是一个非常明显的标志，躁郁症病人为了放松精神，会选择饮酒或服用安定类药物，心情沮丧时，他们更倾向于借酒消愁。

伊萨克·列维坦是俄国著名的写生画家，现实主义风景画大师。他终身未婚，39 岁去世，是一位身世凄凉的天才，这位天才饱受躁郁症煎熬。短暂的一生中，列维坦难以控制自己的情绪，情绪时而忧郁，时而绝望，还尝试过自杀。忧郁之后，他又变得格外兴奋，如同小孩子一样。这种情况年复一年地重复着，而且时间间隔越来越短。奇怪的是，列维坦最为阳光灿烂的画作是他在极度抑郁的状态下画的。

1879 年，画作《索科尔尼克的秋日》完成，这是列维坦的处女作，也是他唯一一幅有人物的风景画。从此之后，他的画作中再没有出现过人物，他的画布被树林、牧场、春风和小木方占据着，它们默默无声，甚至显得有些凄凉，如同天涯沦落人。列维坦从来不画人物，为什么呢？他害怕并且仇恨人物，很少和人打交道。

列维坦的忧郁气质和他的出身、生活环境、艺术遭遇有关系，他的暴躁则以打猎、出走、自杀等方式表现出来。每次发病，列维坦常常会丢下工作，拿着猎枪，带着猎犬出门，一连几天消失不见。

1860 年，列维坦出生在立陶宛的基巴尔塔小镇上的一个犹太家庭，父亲是铁路的低级职员，家庭生活贫困。列维坦出生几个月后，父亲带着全家移居莫斯科。

12 岁那年，列维坦进入莫斯科绘画雕刻学校，以半工半读的方式学习风景画。求学的日子非常艰苦，由于家庭贫困，他每个月只有可怜的生活费。15 岁母亲去世，17 岁父亲去世，父母双亡让他一时间生活无着。身为犹太人，在犹太民族备受压迫和歧视的年代里，列维坦过着郁郁寡欢的日子。

幸运的是，他的绘画才华受到了大师赏识，很快获得了名声。为了寻找灵感和丰富的题材，他跑遍了莫斯科郊外，用画笔和油彩与天空、森林、河流、土地对话。列维坦的画一点都不复杂，甚至简单得有些粗放，有时候漫不经心，有时候寥寥几笔，颜色的铺陈甚至有点呆板，他追求的正是那种来自大自然的不协调感。

他热爱俄罗斯的自然风光，不动笔作画的时候，他便长时间地躺在林间草地上，享受着置身大自然怀抱的乐趣。在写给契诃夫的信中，列维坦写道：

“我还从来没有如此爱过自然，对于它如此敏感。我还从来没有如此强烈地感觉到这种绝妙的天，它流注于一切。但非人人能见，甚至无以名之，因为它不是理智与分析所能获得，它只能由爱来理解。没有这种感受就不能成为画家。”

然而，绘画并没带他脱离被迫害、无权利的现实生活，如同他的祖先一样，身为犹太人，列维坦被歧视、被排挤，糟糕的处境诱发了他的抑郁症。与此同时，他对自己作品的不满意加剧起来，他对用色不满意，对自己无法准确表现头脑中的想象力不满意。精神上的困境通过他的双手表现在绘画上，他涂在画布上的颜色总是不够清澈明快，而是笼罩着阴沉的色调，要么晦暗，要么沉闷，他绞尽脑汁，却无法把清澈透明的空气、欢欣雀跃的落叶表现出来。

作为画家，列维坦却总是和契诃夫共同被提起。列维坦比契诃夫年幼一岁，二人分分合合，却是一生的挚友。他们一个感性，一个理性，却不妨碍他们互相影响，列维坦的许多画作都是在与契诃夫郊游、打猎、闲谈中创作出来的，在契诃夫家里，有许多列维坦使用过的画笔和画具，他每搬家一次，总是会把哥哥尼古拉的画作和列维坦的画作挂在书房里。

列维坦和契诃夫在气质神韵方面有相似之处，如果你同时欣赏列维坦的画作和契诃夫的文学作品，就会发现他们二人在艺术创作中的交流。看列维坦的风景画，你会看到契诃夫小说的感性一面；阅读契诃夫的小说，你会看到列维坦画作理性的一面。

都是感性惹的祸，列维坦的私生活不像契诃夫那样严谨，他是一个多情的人。1892 年，契诃夫发表了小说《跳来跳去的女人》，这部小说差点毁了他和列维坦之间的友情，小说隐晦地记录了列维坦的一段情事。

列维坦全身散发着浪漫气质，他多情，对女人也有魅力，一段时间，他和一位爱好绘画的警医妻子关系暧昧，警医知晓一切却只能默默忍受，这一丑事拐着弯儿从契诃夫的笔下流出来，惹恼了警医的妻子，也惹恼了列维坦。长达3年的时间里，这对好朋友没有见上一面。不过，我们可以从契诃夫的小说中窥见这位青年画家的性情，他感情丰富、才华横溢、风度潇洒，性情风流得有点不知自重。

3年后，他们和解了。因为列维坦恋爱失败，他对着自己的小脑瓜开了一枪，医学院毕业又行医多年的契诃夫就成了他的保健医师，在听闻他受伤的消息后第一时间赶到他家里照顾他。契诃夫在他身边守护了5天，其间说了不少鼓励他重新振作的话。他们的友情又回到了从前，列维坦在写给契诃夫的信中说："也不知道为什么，我觉得你在我身边生活的那几天是我整个夏季中最安宁的日子。"列维坦辞世后，契诃夫说道："他是一个伟大的独树一帜的天才，他的作品是那么清醒有力，本该引起一场变革，可惜他死得太早了……"

癫狂激发灵感——狄更斯

作家狄更斯在肉体和心灵上都在承受躁郁的痛苦，不可否认，躁郁对艺术创作是有帮助的。躁狂使得大脑思维高度活跃，刺激了灵感的爆发，狂躁中的坚信不疑也能帮助艺术家在艰苦的环境中坚持到底。抑郁则让人内心敏感，呈现出高度苛求的完美主义，极端的抑郁会带来幻觉。对需要长期伏案工作的作家来说，抑郁期恰能帮助其完成枯燥、机械的记录工作。

躁郁症给予天才的福利并不能消减由此而来的折磨和痛苦。尽管这些痛苦增加了他们的辉煌，探索他们的内心深处，那种躁狂时升入天堂般的感觉和抑郁时困在地狱的感觉并不好受。作家狄更斯深受躁郁症困扰，在痛苦中创作，在创作中摆脱心灵痛苦，这是狄更斯痛并快乐着的生活方式。

查尔斯・狄更斯是 19 世纪英国现实主义文学的主力，亦是一位高产的作家。狄更斯出生在英国的朴次茅斯，是家中的第二个孩子。早年生活富足，为此他还在私立学校待过一段时间。因为狄更斯的父母花钱大手大脚，没有节制，狄更斯 12 岁时，父亲因为欠债而入狱，全家人跟随父亲到牢房里生活，狄更斯则成了一个黑鞋油作坊的学徒。尽管这段经历如此刻骨铭心，他的父母—— 一对不负责任的父母——从来不提要求狄更斯去黑工厂工作的事情。

每天工作 10 个小时的生活经历，对这个十多岁的小男孩造成了心理伤害，借此机会，他得以饱尝艰辛、屈辱，看尽了人情冷暖，成为作家后，他的作品倾向于关注社会底层劳动人民的生活。鞋油作坊里的打工岁月成为他

一生的屈辱。在他的作品中，从《匹克威克外传》到《艾德温·德鲁德疑案》，黑鞋油、黑鞋油瓶、黑鞋油刷、擦鞋工箱子上的广告和黑鞋油作坊都露过面，他反复使用这段人生插曲，几十年里不停咀嚼着那段黑暗记忆，在另一个层面上，那段记忆似乎成了他创作的力量源泉。

全家的经济情况在父亲继承了一笔遗产后获得改善，狄更斯也有机会重新回到学校。从威灵顿学院毕业后，狄更斯进入了一家律师行，后来进入报馆，20 岁时，他成为一名新闻记者。由于没有接受完整的学校教育，狄更斯的写作才能完全来自自学。

小说《匹克威克外传》出版后，一时间成为英国社会争相讨论的话题，出现了“匹克威克热”，这本书带领狄更斯走上职业作家的道路。到 30 岁时，他已经成为世界知名的作家，名利财富双收，然而，他的躁郁症状也逐渐显露出来。

在狄更斯的整个职业生涯中，他都以精力旺盛的姿态工作着。开启职业生涯后，他开始写《雾都孤儿》,《雾都孤儿》未完成，他便开始撰写《尼古拉斯·尼克贝》。1840 ~ 1841 年，他写了两部作品——《老古玩店》和《巴纳比·拉奇》，同时，他创办了杂志，自行编辑杂志。完成日常工作后，他去贫民窟慰问，为穷人孩子的教育和福利出力。

狄更斯精力充沛，趣味十足，充满活力和幽默感，他辛勤工作，努力结识朋友，他的旅程非常丰富，在生命的最后 10 年，他到处演讲，足迹遍布英国各地。他留下了 12 卷，每卷八百多页的信件——生命力旺盛的又一证据。

乔治·桑曾说过："天才与疯狂，相隔如纸薄。"乔治·桑见证了同时代躁狂与疯癫的众多艺术家，深知天才的才华来自其精神上所受的痛苦。狄更斯的小说基调总是有些压抑，投身工作时，狄更斯显得低沉、冷漠，对外界毫不关心，一旦工作完成，他的情绪又会恢复正常。随着年龄的增加，狄更斯的抑郁症越来越严重。

贫困的童年使得狄更斯一生在女人和金钱中纠结。小时候，狄更斯在父亲的带领下路过了查塔姆的盖茨山庄，父亲告诉他，只要努力，长大之后就能拥有那里的宅邸。多年之后，狄更斯真的买下了那幢房子，这足以证明童年经历对狄更斯的巨大影响。他多年被贫穷追着跑，在功成名就之后，占有物质是拥有财富的象征，很多富人都这样做，狄更斯也是如此。

在私生活上，他对妻子凯瑟琳的伤害是不能原谅的。像维多利亚时期的大多数女人一样，狄更斯的妻子在 16 年里生了 10 个孩子，几乎是生下一个马上怀上另一个，然而狄更斯对孩子的态度显得非常冷漠，有时甚至很残酷。两人争吵、决裂、分居，一切以简单粗暴的方式进行。他找来一个工人，将他们的卧室分成了两间，便算是告知他们分居了。早在妻子怀孕时期，狄更斯便将兴趣转向他的小姨子——玛丽·贺加斯和乔治娜·贺加斯，与凯瑟琳彻底分居之后，他拥有了一个小情人——爱伦·特楠，他们的关系毫无美感，近似一位糟老头借助少女吸取她身上的青春气息。

不疯魔不成活——凡·高

提到凡·高，人们会想到《向日葵》《星空》《有乌鸦的麦田》等油画作品以及他用纱布包着一只耳朵的自画像。作为 19 世纪最伟大的印象派作家，凡·高带着暴风骤雨般的创作热情画了几百幅油画，然而这没能为他改善穷困潦倒的生活。37 岁那年，继割下耳朵的疯狂举动后，他把枪口对准了自己的胸膛，开枪自杀。

按照现代医学的诊断，半世癫狂的凡·高得的是躁郁症，即躁狂抑郁双相障碍。受疾病所扰，凡·高生前性格冲动，难以自控，躁狂、抑郁周期性地发作，使他无法控制自己的情绪，脾气暴躁，攻击他人，出入精神病院，还多次尝试自杀。

躁郁症于 1899 年被正式定名，彼时凡·高已经去世十多年了。当时没有几个人知道凡·高的大名，更很少有人购买他的画作——凡·高生前只卖出去一幅画。由于医学知识的欠缺，熟悉他的人把他当成疯子，看着他的情绪如过山车一般，在躁狂与抑郁之间来回切换，一段时间坠入抑郁的谷底，一段时间又亢奋到极点，人们只能感叹“凡·高又疯了”。当他走在街上，顽童尖叫着喊道：“疯子！”孩子的父母抱怨着：“这疯子又来了。”

凡·高出生在荷兰的一个牧师家庭，是 8 个孩子中的老大——他原本有一个哥哥，后来自杀。从小时候开始，凡·高就是一个特别的小孩，他的母亲曾经总结说：“我相信他一直以来都是疯疯癫癫的，因此才造成了我们和他自己的痛苦。”根据妹妹的形容，凡·高和弟弟妹妹并不亲近，甚至有些陌生，家里的仆人也说过，他是一个孤僻的孩子，举止怪异，看起来就像个老头。成年之后，凡·高在精神崩溃时咆哮、怒吼，吃颜料，喝松节油，割掉自己的耳朵……一切行动似乎都在证实家里人的预言。在短暂的清醒中，凡·高自我总结说：“我感觉到自己病入膏肓。”

择业时，凡·高曾试着做过绘画中间商和牧师，但都以失败告终。在弟弟提奥的建议下，凡·高从荷兰前往法国，拿起画笔，决定走艺术创作这条路。27岁开始画画，10年间，他画出了八百多幅油画和众多素描作品。凡·高生活在法国南部的乡间，笔下记录的多是植物、务农景象、自然景观等。可惜，他的画作并没有为他带来名声和金钱，穷困潦倒的生活，导致他只能依赖弟弟提奥的接济。

说起凡·高的躁郁症，弟弟提奥是感受最深的一个。在提奥的建议下，凡·高走上了画家之路，从此，提奥也成为凡·高生活上和艺术上最亲密的人。身为一个艺术经销商，提奥的经济并不宽裕，每个月只能给凡·高有限的生活费，可他从来没有停止对凡·高精神上的支持。艺术上，提奥也是凡·高的知音。多年来，这两兄弟一直保持通信，在留下来的六百多封信件中，后人可以看到凡·高对弟弟的依赖，提奥对哥哥的支持以及病情发作时凡·高真实的精神状态。

细数凡·高的众多作品，多是以黄色作为主色调，如最著名的《向日葵》，桌子和背景都是黄色，花瓶是淡黄色，花朵则是众多的黄色颜料堆砌，甚至有用料过度的嫌疑。在凡·高晚期画作中，黄色几乎成了他的偏好，不仅画布被大片的黄色占据，他的住房“黄屋”也被全部粉刷为黄色。

凡·高对黄色的爱达到了疯狂的程度，颇令艺术评论家不解。多年之后，医学人员通过对他晚期画作的研究和大量信件的分析才得出结论，由于凡·高长期服用药物——洋地黄，结果引起了黄视症。他看什么都是黄色的，其实是一种色觉偏差。

凡·高的怪僻性格或许和家族的精神病史有关系，由于生性乖戾，他进过精神病院接受治疗，当时的医生给出的诊断是癫痫症、躁狂症和精神分裂症。在当时，治疗这些病症的药物便是洋地黄——可治疗急性躁狂症和急性精神错乱。

凡·高似乎相信疯狂与艺术之间的关系，他说："我越是精疲力竭、疾病缠身，像一个破破烂烂的水罐，我就越是一名艺术家。"1874 年，当印象派首次登场时，印象派的画作被嘲笑为"纯粹的精神病"，在早期的宣传中，凡·高亦被宣传为处于半疯癫状态的画家。他像是一个狂热分子，把头脑中病态的、反常的思想投射于画布之上，蕴生出梦魇般的图像。

33 岁那年，凡·高结识了高更——印象派最负盛名的代表人物之一，两人很快成为好友，高更还坐长途火车去看望凡·高。好景不长，由于两人性格差异巨大，凡·高忧郁、固执，有些神经质，而已经成名的高更反叛、自负、我行我素，两个人的相处最终以一场激烈的争吵结束。盛怒之下，高更摔门而去，凡·高操刀追赶，未赶上前者步伐，回到家里，情绪失控的凡·高割下了自己的耳朵，还拿给一位妓女看。

在书信中，凡·高与提奥谈得最多的除了钱，便是他糟糕的精神状态。1889 年 5 月，在提奥的安排下，凡·高住进了圣雷米精神病院。住院治疗期间，凡·高处于精神崩溃的边缘，同时也异常兴奋。他集中精力创作，在一年里画出了两百多幅作品。

一年后，即 1890 年 5 月，凡·高离开圣雷米精神病院，来到巴黎北郊的小镇奥维尔，此时距离他辞世还有两个月的时间。随着麦田里的一声枪响，凡·高以自戕的方式结束了自己的生命。他并没有马上死去，而是挣扎了一天。凡·高去世后第二年，提奥也去世了，他们被葬在了一起，如同生前那般亲密。

告别世界与疯狂，凡·高名声日隆，生前世人欠他的眷顾与膜拜一股脑地涌来，如今，凡·高作品的售价已是天价。仅《向日葵》一幅画，早在 1990 年便创造了数千万美元的纪录，如今这幅作品的价值更是无法估量的——回想凡·高创作这幅画时，一贫如洗，精神处在极度痛苦的煎熬中，艺术家的命运还真是讽刺。

缘何间歇性多产——舒曼

心理学研究显示，躁郁双相会导致人的注意力和执行力受损，这些功能的受损会严重影响一个人的正常思维过程，但是大脑的表象加工功能完好，作为功能补偿，病人表现出极高的创造力和想象力，在艺术创作上，如诗歌写作、作曲和绘画方面，功能受损反而成为一种“优势”。由于躁郁双相的周期性发作，其创造力往往呈现间歇性的旺盛和低迷，作曲家罗伯特·舒曼便是一个鲜明的例子。

精神病学家研究了舒曼一生的创作轨迹，结果发现，他的创作量以波峰、波谷、波峰、波谷交替出现为特点。比如，1840 年，舒曼在一年之内创作了 24 首乐曲，相当于他前 8 年创作的总和——当时他正处于躁狂发作时期。这年之后，舒曼的创作突然刹车，几乎没有创作作品。在 1849 年的躁狂发作时期，舒曼再次迎来了他的创作高峰，一年之内写出了 27 首乐曲。

我们先来看一下舒曼的精神状态是如何在波峰与波谷之间激荡的吧。罗伯特·舒曼出生在德国小城茨维考，父亲是一位书商，极具文学素养，母亲是一位颇具浪漫气质的妇人，其热情与敏感的个性遗传给了舒曼，影响了他人生的精神轨迹。在 16 岁之前，舒曼过着自由和幸福的生活，16 岁那年，父亲去世，紧接着姐姐自杀，舒曼的人生开始发生转折。

在舒曼的学业上，母亲对文学和音乐都持否定的态度，或者说，出于现实的考虑，母亲更希望他学习法律。遵从母命，舒曼前往莱比锡大学攻读法律，但他对法律并不感兴趣，不久便转学钢琴。他拜钢琴家维克为师，住在维克家里学习钢琴和作曲理论。维克的鼓励和引导让舒曼获得了走上音乐道路的自信，经过维克的劝说，母亲同意他改学音乐。

尽管舒曼对音乐敏感，有天赋和悟性，但他在 20 岁之后学习钢琴着实太晚了。弹琴技巧远不如他期待的那么顺畅，来自老师维克的批评也让舒曼的精神陷入崩溃。舒曼找到了一个揠苗助长的方法：用绳子把中指吊起来，锻炼无名指。急于求成的舒曼毁了自己的音乐前程，非正常的训练导致他无名指受伤，此后再也无法演奏钢琴。

这时候，父亲留给他的精神遗产开始发挥作用。父亲是一个开明的人，小时候鼓励他写作，也允许他热爱音乐。舒曼在文学上的修养来自他童年时期的文学积累以及中学时代表现出来的悟性。在莱比锡读书期间，舒曼阅读过歌德、拜伦以及霍夫曼的著作，他本人亦能写得一手漂亮文章。

25岁时，舒曼创办了一份音乐杂志，致力于音乐评论，推介创作。手指受伤让舒曼成了一位不能弹琴的音乐家，同时也让他成为文学修养最高的音乐评论家。舒曼不根据一个人的社会地位和名气来判断作品的好坏，给许多不知名的音乐家提供了崭露头角的机会，与他同龄的肖邦、后辈勃拉姆斯都接受过他真诚的赞美。

舒曼的病症并非突发，而是有迹可循的。从父亲去世开始，舒曼一直在承受精神上的痛苦。父亲的去世让他悲伤不已，姐姐的自杀让他受到了又一重打击，经济上的拮据让他性情大变，舒曼变得性格阴郁、消沉，不爱说话。

几年之后，舒曼手指受伤，不能继续弹琴，他的大哥也自杀了——这个家族的不幸并没有就此停止。在爱情中，舒曼风流过，有过一段又一段的露水情缘，不过，任何一位情人都抵不上他与妻子克拉拉的爱情。克拉拉是舒曼的老师维克的掌上明珠，他们第一次相见时，克拉拉只有11岁。10年之后，“大师兄”与“小师妹”相爱了，可是却逃不过恩师的反对与攻击。维克一个人把克拉拉带大，把她视作最宝贵的天使，他怎么能把女儿嫁给一个风流成性又一贫如洗的小子呢?

舒曼和克拉拉用诉讼的方式争取到结婚的权利，那场诉讼持续了11个月，对性情敏感的舒曼来说，他承受了太多的惶恐和失落。与舒曼的喜怒无常相比，克拉拉是一个勇敢的女性，或许因为她有一位强悍的父亲，克拉拉给人的印象是能干、强悍，如同一位女超人。在舒曼去世后，克拉拉以钢琴演奏家的身份（她从小便被父亲按照钢琴家的标准来培养）活跃了近四十年。

克拉拉的爱情让舒曼焕发了青春活力，但是抑郁的阴影从来没有从他心中离开过。舒曼与克拉拉一起生活了 16 年，养育了 7 个孩子。在前 10 年里，他们过着异常幸福的生活。个人生活的顺遂让舒曼能够大展才华，他进入创作的狂热期，写出大量优秀的作品，但是创作的劳苦损害了他的身体，他开始神经衰弱，并且表现出严重抑郁的症状。医生建议他暂时远离医院，去德累斯顿疗养。

恢复身体后，舒曼又进入创作高峰。他创作交响曲，也尝试写歌剧，将他最爱的两样东西——文学与音乐联系在一起。在此期间，肖邦去世，年轻的门德尔松去世，音乐天才的早逝给这位音乐界的伯乐以沉重的心灵打击。

在病魔缠身时，舒曼接见了一位从汉堡贫民窟前来拜访的年轻人——勃拉姆斯。舒曼看到了勃拉姆斯的才华，称赞他是“从上帝那里派来的人”。他们相差 25 岁，舒曼却为这个无名的年轻人倾尽热情。为了推介勃拉姆斯，舒曼为他写推荐信，带他一起演出，并写了一篇热情洋溢的评论文章《新的道路》——这也是舒曼人生中最后一篇文章。

6 个月后，44 岁的舒曼精神失控，彻夜难眠，在克拉拉外出请医生时，舒曼离家出走，跳入莱茵河尝试自杀，那时克拉拉正怀着他们的孩子。舒曼被路过的船只救起，从此住进了精神病院。在精神病院里，舒曼依旧精神错乱，他每天恍恍惚惚地生活，糟糕的医疗服务加重了他的病情。两年之后，舒曼在精神病院去世，死因是绝食。

暴躁的音乐大师——贝多芬

在经历了众多人生困难的历练后，贝多芬着手创作他的《第九交响曲》。埋头苦干一年半，“贝九”诞生了，这是一部凝聚着贝多芬人生哲理的大型四乐章交响曲，花费时间不算短，但是一气呵成，贝多芬并没打算将《第九交响曲》作为人生的最终乐章，在他的计划中，还有《第十交响曲》，甚至更多。贝多芬来不及创作它们，便与世长辞，于是《第九交响曲》成为他一生创作的巅峰。

由于贝多芬在第四乐章加入了大型合唱，《第九交响曲》也叫“合唱交响曲”——经过三个乐章的铺垫后，人声终于出现了，在第四乐章的后半部分，合唱团开始吟唱《欢乐颂》，这是贝多芬的一生所爱。合唱部分的歌词则来自诗人席勒的《欢乐颂》。如同作曲家之前众多交响曲的主题一样，“贝九”的主题依然是斗争。通过人声与交响乐队的合作，贝多芬表达了人类追求自由的斗志以及对自由、平等、博爱的追求。这部作品表现出作曲家超越音乐之美，超越个人情感的思想高度——对人类情感和理想的关怀，因而成为作曲家一生的思想结晶。

后人从贝多芬的画像中可以看到，他长着一张宽大的脸，宽广的额头隆起，头上长着浓密而乌黑的头发，好像从来未与梳子接触过那般蓬乱着，他瞪大了双眼，那头颅宛如一只发怒的狮子。相由心生，贝多芬的确有暴躁、易怒、倔强又极具斗争意识的性格。后人分析贝多芬的性格特征，发现他具有典型的躁狂抑郁症状。贝多芬具有旺盛的创作激情，对不公平的命运表现出愤怒与不服输的抗争，他一生孤独，用喜怒无常的神经质性格赶走了他的朋友……这一切都和他精神上遭受的躁郁症之苦有关系。

躁郁症的病因，目前依然不够清楚。许多基因研究显示，躁郁症的发作与遗传有关，当然也有不少心理因素、环境因素诱发的躁郁症，常见的如生活压力、酒精或药物的滥用等。贝多芬的精神疾病与他的家族成员有着莫大的关系。

路德维希·范·贝多芬出生在音乐世家，他是荷兰人的后裔。祖父是一

位唱诗班歌手，父亲也是唱诗班歌手。小时候，贝多芬的父亲看到了他的音乐才华，教他弹钢琴，希望把他培养成莫扎特那样的神童，但贝多芬并不是神童，他的音乐才华是通过与生命的碰撞迸发出来的。

在贝多芬家族中，每个人的命运都与酒精发生牵连。贝多芬的祖母因为饮酒过度导致了酒精中毒，最后精神崩溃。父亲酗酒、赌博，无法控制情绪，对孩子有暴力倾向。这些糟糕的家庭成员给贝多芬的人生打下了悲剧的底子，他的血液里也被动地掺入了贪恋酒精的基因。

度过短暂的幸福童年后，祖父的去世、父亲的酗酒导致家庭日趋贫困。1 岁那年，贝多芬放弃读书，18 岁开始，他承担起养家糊口的重任。一生当中，贝多芬一直与贫困、孤独做斗争，到了晚年，耳疾与身体疼痛又增加了他的身心痛苦，在罗曼·罗兰撰写的《贝多芬传》中，贝多芬被写成“不幸的、由痛苦造就的人”。

由于遗传因素与后天生活环境的养成，贝多芬的人际互动模式是有问题的，和任何人都是如此，他和其他人重复着“友谊—争执—破裂—重叙”的模式，直到他把所有朋友善良的心伤透了，他自己也变成了孤家寡人。发怒时，贝多芬面孔通红，前额隆起，青筋暴露，如发疯一般激动，他会歇斯底里地呵斥他的侄子，还用毛线针刺他的学生。

贝多芬的性格特点使他在成年后的人生路上遭遇了一次又一次人际关系危机，如自大的性格，近乎“厚脸皮”的自大导致他无法与他人融洽相处。从孩提时代开始，贝多芬便表现出狂妄的姿态，他不注意场合，口出狂言，对拿破仑不屑一顾，在写给朋友的信中，他称呼自己的作品为“伟大的作品”；与保护人利希诺夫斯基亲王闹翻时，他说“已经有许许多多的亲王，还会有千千万万的亲王，但是贝多芬，只有一个”。这话说得非常有道理，但是从当事人口中说出来，没有人不会为他缺少谦逊的品行感到愤怒。

神经敏感、多疑，对他人存有敌意，这是贝多芬给他的仆人和房东留下的印象。他的妄想症和神经质让他身边的朋友感到痛苦。在贝多芬眼中，任何人都是不可信的，人人都有着卑劣的目的，因为无关紧要的小事，他和仆人争吵，与房东闹掰，在极度非理性的情况下，贝多芬每 6 周换一个仆人，每 6 个月换一处住所。

贝多芬的性格让他把周遭的朋友都得罪遍了，他自己也知道问题的严重性。34 岁那年，他说自己在世界上只有两个朋友了。到他去世的时候，他连两个朋友都没有了。斯蒂芬·范·布罗伊宁曾是贝多芬亲密无间的朋友，一段时间里，他们生活在一起，互相倾吐私人情感。后来，他们争吵，彼此伤害，布罗伊宁出走了，并且再也没有回来过。在贝多芬主动示好后，他们的友情恢复了，只是再也回不到从前。

贝多芬长期处在极端的情绪波动中，如同所有躁郁双相的病人，疾病带来了情绪的反复无常、身体疲惫和社会压力，病人被痛苦的藤蔓缠绕着，自杀的阴霾笼罩在上空。在躁郁双相障碍病人中，他们的自杀风险是普通人群的 10 倍，年轻病人在首次诊断一年后最容易出现自杀的情况。

1813 年，贝多芬陷入了人生低谷。他不修边幅，在聚会上暴怒，糟糕的精神状态折磨得他没法继续作曲，在对哥哥讲述自己的人生时，他甚至考虑过自杀。贝多芬一生未婚，但爱情的火焰一直在他心中燃烧。他尝过爱情的甜蜜，也遭受了沉重的心灵打击。在他遭受一位轻佻女子的挑逗与背叛之后，贝多芬也希望死神能帮他从无穷的痛苦中解脱出来。

作为对抗命运的强者，贝多芬最终没有走向自我毁灭这条路，直到去世前一年，他依然保持着超高的创作热情，他把注意力全部放在他的音乐上面，由于疾病，他忍受着剧烈的身体疼痛，鸦片、酒精和药物是他缓解疼痛的方法。贝多芬狂躁的一面吓跑了他的朋友们，却激发了他的创造力，在他饱受痛苦、孤独，遭受精神错乱的折磨时，贝多芬创作出了他最著名的作品。

多年来，贝多芬保持着散步的习惯，散步时，他边走边唱，创作他的乐曲。

直到 50 多岁，他依然保持这个习惯，在躁狂发作期间，他每天花费 4 个多小时外出散步，在室内的话，则保持着四五个小时的创作状态。对于一个老年人来说，贝多芬的工作强度未免太大了，如果不是情绪上的狂躁，他年迈的身体早就吃不消了。

对贝多芬来说，躁郁症为他带来了旺盛的创造力。他的情绪激越，以激昂的、兴奋的心情开始一项宏大的创作计划。他可以同时写三部到四部作品，写完一部曲子，马上开始创作另一部。

今天带着躁郁症进行创作的天才依然如此工作，他们可以同时做两个或两个以上的项目，厌倦了一项工作，他们用另一项工作来调节，只要没有外界干扰，他们可以一直保持工作活力。

沾边儿精神病人——牛顿

关于牛顿专心工作，这个故事已经广为人知。

有一天，牛顿请朋友吃饭，朋友来了，饭也好了，牛顿却一直在实验室里工作，他专心致志，完全忘记了时间。等不及的朋友难耐饥饿，吃掉了一只鸡，把骨头放在了盘子里。过了许久，牛顿从实验室里出来，看到盘子里的骨头，恍然大悟说："哦，原来我吃过饭了。"说完，他回实验室继续工作去了。

这个故事的真伪无从考证，不过从牛顿一生的研究成果来看，他是非如此废寝忘食地工作不可的。与牛顿名字相关联的，除了一个苹果砸出来的"万有引力定律"，还包括三大运动定律、光学上的七色光判决试验；"牛顿环"的干涉现象；创制了反射望远镜并提出光的微粒说；在数学上发现了微积分运算方法和无限级数理论……

作为世界著名的科学家，他奠定了力学的基础，并且在光学、数学、天文学上做出卓越贡献。此外，牛顿还有更复杂的身份，比如狂热的炼金术爱好者，比如迷恋炒股的土豪，比如集躁郁症与精神分裂症于一身的精神病患者。

众所周知，牛顿一生投身科学研究，50 岁那年，他突然精神失常，表现出精神错乱和被害妄想的征兆。没有人知道原因。后世的医药学家、传记学家、心理学家研究牛顿的身体与心灵，还拿他遗留下来的毛发做实验，发现这位科学界的天才似乎与多种精神疾病都沾点边儿。

牛顿为什么会突然精神失常呢？这位科学家去世后两百多年里，众多科学家试图给出答案。有人说，牛顿常年从事科学研究工作，过于劳累，用脑过度，导致了神经系统紊乱。的确，牛顿在研究力学原理时，夜以继日地在实验室工作，他几乎不会在凌晨两点之前睡觉，有时候，他会一直工作到凌晨五六点钟。在完成著作《原理》后，牛顿立刻转入了光学研究。高强度的工作使得他不到 30 岁已经须发全白，其植物神经系统也发生紊乱。

也有人说，由于外界强烈的刺激，牛顿才陷入精神失常的。18 岁进入剑桥大学时，牛顿只是一个穷学生，母亲支付的费用只够他的学费，生活费全部要他在实验室打工赚取。幸好他很快就遇到了恩师，巴罗发现了他的科学天分，给了他崭露头角的机会。当恩师巴罗和爱护他的皇家学会干事巴格去世，牛顿陷入极大的悲伤中，一度停止了他的研究工作。此外，母亲的去世也给了他沉重的打击。很长时间里，牛顿精神不振。

亲情、友情上的打击牛顿尚能承受，科学研究上的损失却令他懊恼不已。在《原理》一书完成后，牛顿花了近二十年的时间研究光学，准备写作一部科学巨著《光学》，因为一时疏忽，所有手稿和论文都被烧掉了。对于科学家来说，没有什么打击比毁灭科学研究事业更严重，怪不得牛顿在一个月里昼夜不宁，茶饭不思。

还有人提出汞中毒的猜想。有科学家拿牛顿遗留下来的头发做了分析，发现其中有较高含量的汞成分。牛顿一生对科学执迷不悟，对任何事物都抱有看一看、摸一摸、尝一尝的癖好，他的实验手记证明，他至少尝过 108 种物质，知道它们的味道如何，其中不可排除含有有毒物质。

不过，牛顿的传记作家迈克尔·怀特提醒到，牛顿晚年一直沉迷于炼金术当中。他一头钻进剑桥图书馆，寻找早期英格兰炼金术士藏书，一心钻研炼金术。他不仅研究书籍，还亲自尝试炼金术，在近 30 年的时间里，他每年的春天和秋天都会做这项工作，他实验室里的炉火从来就没熄灭过，提炼长生不老药和贵金属是他的主要目的。牛顿去世后，留下了超过一百万字的手稿，里面详细记载了他对炼金术的研究，这份手稿在拍卖中被经济学家凯恩斯拍得，凯恩斯说："这些手稿完全是魔法性的，没有任何科学价值。"

那个年代的炼金术会广泛使用汞，牛顿长期暴露在含有汞蒸气的环境中，体内摄入量必然超标，因而，他的死亡和慢性汞中毒不无关系。而且，炼制长生不老药的人无一不会尝试自己的成果，虽然没有证据证明牛顿在服用某种致命的"药丸"，但不排除这种可能。汞含量超标会造成人出现幻觉、牙龈出血、身体衰弱等，在他晚年的信件中，表现出严重的被害妄想的症状，他在写给哲学家洛克的信中指责其用女人和别的手段纠缠他，还诅咒对方死掉。所以有人认为，他的精神错乱和汞中毒有关。如此看来，这个说法也许说得通。

从心理学的角度看，牛顿并非晚年逐渐显露精神失常的特征，他的精神障碍从人生早期就已经开始逐渐显露出来。牛顿还未出生时，他父亲就去世了，母亲改嫁，牛顿由祖父母抚养，从 2 岁到 11 岁，他和母亲分开生活，过的是没有父母疼爱的孤苦生活——不失为创伤性童年经历。成年之后，牛顿的情绪波动很大，表现出间歇性的狂野般的热情，而且，他很难与人相处，最典型的例子莫过于他与胡克、弗拉姆斯蒂德、莱布尼茨之间的冲突。他与友人的往来信件中显示，他有严重的神经过敏，由于忧虑、谨慎和多疑，他从不对世人袒露自己的思想、信仰。

由于站在科学的最前沿，牛顿有些恃才傲物，暴戾乖张，这一性格可能来自他幼年时的创伤和强烈的不安全感。在他和弗拉姆斯蒂德的交往中，和莱布尼茨的争论中，牛顿把自己失去理智、过分偏激、好斗的一面暴露出来。翻看这位大科学家的另一面，我们很遗憾地看到这些关键词：造假、侵权、拜金、迷信、作伪证……或许我们应该对伟大的人物宽容一些，正如鲁迅所说，“有缺点的战士终究是战士”，哪怕神经兮兮，精神发狂，牛顿依然是人类历史上伟大的科学家。

第三章

天才的隐性基因——精神病

与疾病共存——约翰·纳什

提到约翰·纳什，不得不讲到电影《美丽心灵》，这部根据同名传记改编的好莱坞电影，以 1994 年诺贝尔经济学奖得主之一约翰·纳什的个人生活为线索，讲述了一个爱心呵护天才的故事。

这部充满人文关怀的电影取得了商业上的成功，同时收获了大量赞美和电影奖项，在一些采访中，纳什评价电影《美丽心灵》说："我看过好几遍。不过，每次看的时候，我心里并不好受。但我还是认为这部电影有助于人们理解与尊重患有精神疾病的人。另外，一点点的遗憾是，这部电影没有反映我 30 岁以前的生活，也没有反映我后半生的生活。"尽管纳什本人并不完全满意电影对他人生的演绎，但这部电影依旧让这位天才数学家被全世界广泛认知。

纳什是一位数学家，也曾是一位精神分裂症病人，为此，他把一个天才可用于学术研究的最宝贵的 20 年花在了与疾病做斗争上。精神分裂症是一种病因不明，却非常严重的精神疾病。其临床表现非常复杂，基本特点是病人在思维、情感和意志行为等方面不协调，且脱离现实环境。

从纳什的症状来看，他患的是典型的偏执型精神分裂症。偏执型精神分裂症，又称为妄想型精神分裂，病人的思维最初会有一定的逻辑性，随着病情发展，妄想的内容越来越荒谬，内容松散且不严密。病人在感知觉、思维、情感和行为方面出现障碍，病人意识清楚，智力正常，但是认知功能受损，在反复发作、加重或恶化的情况下，病人有可能出现智力衰退或精神残疾。

有的病人则可以在接受治疗后保持基本痊愈状态。

纳什分别于 1959 年和 1961 年进过两次精神病院。两次入院期间，他辞掉了麻省理工学院的教职，提取了所有养老金，宣布他即将去欧洲旅行。他的确行动了，1959 年 7 月，他乘坐飞机前往巴黎，在那里，他看到了游行、罢工和爆炸。他在欧洲大陆游历了 9 个月，其间看到了一个比个人疯狂更加失去理性的世界。

从幼年时期，纳什就表现出与众不同之处。纳什出生在美国西弗吉尼亚州一个中产阶级家庭，成长环境中有外祖父母、姨妈和年纪相仿的表兄弟陪伴，纳什却没有心情享受大家族的快乐。他是一个内心孤僻的小孩，其他孩

子结伴玩耍时，他要么一个人埋头读书，要么一个人玩玩具。

纳什的母亲是一位教师，或许出于职业习惯，母亲对纳什的教育从学龄前便开始了。父亲则尝试培养他在科学技术方面的兴趣，给他看了许多科普书籍。少年时期，纳什聪明、好学，喜欢阅读和思考，他还热衷做电学、化学实验，在同学面前表演。

小学阶段，纳什喜欢用非常规的解题方法解数学题，为此经常被老师批评。到了高中阶段，纳什开始认识到数学之美，在接触过《数学精英》一书后，纳什成功证明了和费马大定理有关的一个问题。高中时期，纳什热爱数学，并在父母安排下选修大学课程，但他并没有将来要成为一个数学家的野心。

高中毕业后，纳什同时被哈佛、普林斯顿等多所大学录取，在普林斯顿大学寄给他一封热情的邀请信，并提供了一笔丰厚的奖学金后，纳什选择了普林斯顿大学。21 岁，纳什完成了他的博士论文，这篇关于“纳什均衡”的文章和相关的两篇文章确立了纳什博弈论大师的地位，也成为多年后他获得诺贝尔经济学奖的重要基础。

在数学领域取得巨大成就的同时，纳什自身的性格问题也逐渐暴露出来。从中学开始，纳什就存在社交障碍。他特立独行，举止古怪，当他到麻省理工学院教书后，这种古怪透过他的教学和考试方法表现出来。通常情况下，人们能够想象数学家的古怪、偏执、傲慢和各种怪癖——天才总是与常人有所不同的，但是在这些维度上，纳什表现得超过了人们的预期。

在麻省理工学院担任讲师期间，纳什遇见了一位物理系学生艾莉西亚，他们在 6 年后结婚。30 岁时，纳什表现出明显的精神失常状况。此时，他已经获得麻省理工学院的终身职位，妻子艾莉西亚正处于孕期。

在新年晚会上，纳什以一身婴儿打扮亮相。他的演讲词不达意，完全在自说自话，好像沉浸在想象世界里，同事们终于发现了他的异常之处。两个星期后，他在教授办公室里说，他可以接收来自宇宙的神秘力量，还能够解读外星人的密码。至于他如何能与外星人产生联系，他说一切来自他的数学天赋，没有理由，也没有先兆。

儿子小纳什出生后，纳什的症状越发严重，他真的病了。他蓬头垢面地走在街上，目光呆滞，脸上堆满胡子，脚上没穿鞋子，见到他的人都尽量躲着他。在妻子的要求下，纳什被送进了精神病院，医生诊断说，他患的是偏执型精神分裂症。纳什坚信一些错误的观念，比以往表现得更加敏感多疑，独处时，他还出现了幻听——听到有人跟他低声细语。

根据艾莉西亚的回忆，纳什相信所有戴红领带的人隶属于一个政治阴谋团，他们正策划着加害自己，随后，他还声称这个团体即将成立新政府。很明显，纳什已经被关系妄想和被害妄想控制住了。

在纳什辗转多家精神病院，备受疾病之苦时，他的博弈论不断出现在数学期刊、政治学专著和经济学课本里，在经济学和数学领域，“纳什均衡”成为一个新的名词。由于他本人的默默无闻，年轻的数学家、经济学家根本不知道纳什是谁，如今在做什么，根据他论文发表的日期，有人甚至推理他已经不在人世了。

因为疾病，纳什被学术界遗忘了许多年。到了 20 世纪 80 年代，因为他的病情，几项荣誉性的奖项也没有颁给他。当诺贝尔委员会准备给博弈论一个机会时，纳什的健康状况成为委员会考虑的第一要素。

由于无法忍受纳什的病情，艾莉西亚选择了离婚。尽管不再是夫妻关系，她并没有放弃纳什，之后多年里，艾莉西亚依靠个人收入和亲友接济，一直在照顾纳什和他们的儿子。纳什出院后，在艾莉西亚的建议下，纳什留在了普林斯顿，因为普林斯顿有它特有的包容性。一个行为古怪的人，在其他地方会被当作疯子，普林斯顿却会给予爱心和包容，因为他可能不是疯子，而是一个天才。

纳什逐渐从疯癫中清醒过来，如同计划好的一般，1994 年，他和另外两位博弈论学家获得了诺贝尔经济学奖。纳什的大脑在放了25年的“长假”之后，依然希望能提出一些新的想法。在诺贝尔奖得主的自传中，纳什写道：“我希望通过至1997年的研究成果或以后出现的任何新鲜想法，取得一些有价值的成果。”

纳什在精神病医院住了9年，对此纳什感觉非常痛苦，在晚年的采访中，纳什依然流露出对精神病院的恐惧之情。纳什并不承认自己生病了，他坚信自己是对的，并且自行停药。缺乏自知力是精神病人的典型特征。他对自身状况不能形成客观的评价，有的人会在经历过康复治疗后恢复自知力，有的人则一辈子都无法恢复。

当年的治疗水平有限，纳什只能接受药物和胰岛素休克治疗。后者是一种有趣的方法，注射胰岛素会使人出现低血糖症状，从而起到控制妄想、幻觉等症状的作用。但是，这种方法很危险，病人本人也很痛苦。如今，胰岛素注射早已被药效更好、更安全耐受的抗精神病药物所取代，随着心理学的发展，心理治疗得到了与药物治疗同等程度的重视。药物治疗控制病情（尤其是情绪反应剧烈、有自伤、伤人行为的病人），心理治疗则用于改善病人的情绪状况。

优雅与疯癫——伍尔夫

1941 年 3 月 28 日，英国罗德梅尔附近萨塞克斯乡间的乌斯河旁，一位 59 岁的老妇人在口袋里装满了鹅卵石，一步一步地朝着河中心走去，她想要沉入河水深处，就此结束自己的一生，可是她是一个会游泳的人，自溺并不那么容易，她不得不与生命本能相抗争。几天之后，河下游的村民在岸边发现了一具尸体，恰好是这位倔强妇人，她赢了，赢在成功地杀死了自己。

这位妇人便是弗吉尼亚·伍尔夫，她是一位现代主义小说家，是意识流文学的创始人，也是伟大的女权主义者。此外，她还是一个敏感脆弱的女人，一个多年来受精神疾病困扰的病人。在留给丈夫伦纳德的遗书中，伍尔夫写道："我肯定自己又要发疯了。我觉得我们无法再一次经历那种可怕的时刻，这次我也不会康复。我开始出现幻听，心神不能集中。所以我要做看来最合适不过的事了。你给了我最大限度的幸福，任何人在每一方面所能做到的你都做到了。在这可怕的疾病来临之前，没有哪两个人比我们更幸福。我再也无力和它战斗了……"

伍尔夫生于英国，她是英国文坛前卫的开拓者，也是一个将现代主义与女权主义结合在一起的女先锋。她的知名作品《戴洛维夫人》《灯塔行》《海浪》与詹姆斯·乔伊斯、普鲁斯特等人创作的意识流文学一起，形成了一个新的小说流派，以此为界，传统文学与现代文学出现了一个分水岭。

伍尔夫出生在伦敦的一个文学世家，祖上几代都是达官贵人。父亲莱斯

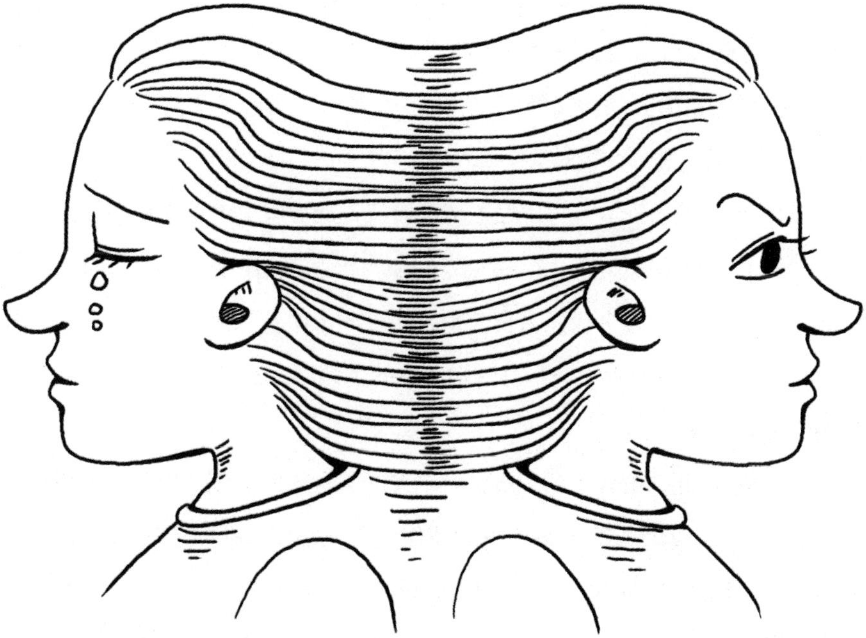

利·斯蒂芬爵士是一位编辑和文学评论家，家里不仅藏书众多，且经常出入文化界名流，作家托马斯·哈代、乔治·梅瑞狄斯，哲学家赫伯特·斯宾塞都曾是她家的座上宾。在文化氛围如此浓厚的环境中长大，伍尔夫对书籍产生了极大的热情，她每天都在阅读，大量地阅读，用她父亲的说法，她好像是在“吞噬书籍”。

小时候的伍尔夫身体羸弱，自卑而敏感，安静而可爱，不善与人争辩，但是她思维活跃，理解力敏锐，头脑富于逻辑性。父亲重男轻女，她的兄弟可以进入学校，到剑桥大学、牛津大学读书，她却从未上过学，没有接受过正规的学校教育。但她的自学能力特别强，在父亲巨大的书房里，她与柏拉图、福克勒斯、普鲁塔克以及斯宾诺莎等人“交往”，从此奠定了深厚的文学基础。

伍尔夫一生中经历了 4 次精神崩溃。第一次是她 13 岁那年，母亲去世，她第一次疾病发作，花了 6 个月的时间，她才逐渐恢复健康。第二次是父亲去世，尽管长期卧床的父亲让她和姐姐瓦奈萨的日子都不好过，她却不能像姐姐那样因父亲的去世而长舒一口气，整个夏天，她都处于疯狂状态，她甚至从窗口跳下，摔成了重伤。

1913 年夏天，伍尔夫再次陷入精神崩溃，她吞服了大量安眠药，尝试自杀，幸好伦纳德足够机智，及时地救了她一命。在自传中，伦纳德回忆妻子发病的情形，“……她会极其兴奋，她思如泉涌，口若悬河，在最严重时会语无伦次，她会幻视幻听……”有时候，她的情绪陷入抑郁和绝望，变得少言寡语，拒绝进食。

“二战”期间，伦敦遭到空袭，伍尔夫的家也未能幸免。她和伦纳德多年来辛苦经营了一家印刷厂（或者说印刷作坊），这家印刷厂为许多作家，如乔伊斯提供了出版作品的机会，也改善了他们的经济状况。很可惜，地处乡间的霍加斯印刷厂被空袭炸毁。祸不单行，他们在伦敦的住所也遭受了同样的命运，尽管她正处于创作上的丰收时节，现实生活的恐怖却加深了她的精神痛苦。

在病情恶化的情况下，伍尔夫仍然坚持写作。写完一本书后，她马上开始酝酿新的作品，但她对自己异常严格，总是对新作感到不满意，因此情绪长期处在困惑、怀疑、消沉的状态下。第四次精神崩溃，伍尔夫预感到自己无法恢复，遂选择了死亡。

如同她遗书中写的那样，伍尔夫一生中最感谢的人便是伦纳德。伦纳德在 31 岁那年与伍尔夫结婚，那年她 30 岁。伦纳德是一位公务员，也是一位政治理论家。他毕业于剑桥大学，颇具才华和魅力，早在 7 年前，他们已经相识，伦纳德欣赏伍尔夫的娴雅风度，更倾慕她的超凡智慧。

在伍尔夫眼中，婚姻是一场“丧失自我身份的灾难”，对此她抱着极度悲观的态度，伍尔夫以大龄剩女的身份嫁给了伦纳德，其婚姻生活的幸福指数可想而知。而且，由于童年时期受到同母异父哥哥的性骚扰，伍尔夫对性行为非常抗拒，她不愿意生育，也不与丈夫同房，为此，伦纳德痛苦了很长时间，他在小说作品《智慧的童贞女》中含沙射影地讽刺道："那些长着白皮肤和金色头发的苍白的女人……是冰冷的，同时也使人冰冷。"这种指桑骂槐的方式让伍尔夫的自尊心非常受伤，在经历过她的精神崩溃后，伦纳德选择了认命。他不再尝试唤起妻子的性热情，而是虔诚地陪在伍尔夫身边，做她忠诚的陪伴者。

伦纳德永远是伍尔夫小说的第一读者。不过，在创作期间，伍尔夫不出门，也不给任何人看她的手稿。当她完成了作品，伦纳德则拥有第一个作出评价的权利。客观、公正的意见对伍尔夫来说非常重要，由于神经敏感，她受不得一点讥笑，如果伦纳德没有给出明确的肯定答复，她会惆怅好一阵子，担心她的小说会不受读者喜爱。

与伦纳德一起生活 29 年，伍尔夫并不是一个合格的妻子，她连家庭主妇简单的活计都做不来。做饭时，她能把戒指丢在猪油里；参加舞会时，她会把衬裙穿反；连使唤家里的仆人，她都于心不忍。伍尔夫将大量时间投入文学创作中，每完成一部作品，她都会陷入短暂的疯癫。作品出版，她担心被人嘲笑，担心受到恶评，为此，她不止一次改写、重写、销毁手稿，忍受心灵痛苦，而这时候，伦纳德总会陪在她身边。如同伍尔夫写给友人的信中说的那样，没有伦纳德，她早就自杀了。

如果有机会的话，弗洛伊德会愿意为伍尔夫作一次精神分析的，分析一下这位先后失去母亲、父亲，童年遭受过性骚扰，在婚姻中拒绝性爱，成年后流露出同性恋倾向的女作家，缘何在精神压力的驱动下一步一步走入乌斯河的。说来也巧，在经营霍加斯印刷厂的多年里，伍尔夫夫妇一直拥有弗洛伊德作品的英国版权。"二战"期间，年事已高的弗洛伊德逃亡英伦，他们还与其有过一面之缘。想必在印刷出版弗氏著作期间，伍尔夫并没有读过里面的内容，弗洛伊德给她的印象是“干瘪的糟老头儿，有一双像猴子一样发亮的眼睛，走路颤颤巍巍，说话口齿不清，但人很机敏”。他们在战火中见面，谈论的多是与战争有关的话题。那次拜访后不久，弗洛伊德就去世了。

若是对伍尔夫作精神分析，其家族病史便是不可遗漏的一个环节。伍尔夫的精神分裂和她敏感、多疑、脆弱的性格有关，和她的童年遭遇有关，但也跳不出家族遗传的框子。伍尔夫的祖父、母亲、姐姐、哥哥和外甥女都患过复发性抑郁症，父亲和弟弟则患有循环性精神病，她的一位堂弟死于急性躁狂症，家族成员如此高密度地罹患抑郁、躁狂、精神病类疾病，伍尔夫患上精神分裂症的概率自然比常人高。

被精神病的诗人——庞德

“被精神病”是近年来在网络上出现的词汇，意指因为非病理缘由被关进精神病院的现象。在历史上，精神病和政治挂钩的现象并非罕见，有人伪装成精神病人以逃避政治迫害，有人则把正常人说成精神病人，以达到迫害的目的。对精神病学史有过深入研究的福柯对这一手段进行了激烈的抨击，他认为，精神病学政治也好，政治精神病学也好，不过是维护社会秩序的手段，起到的是镇压功能，而精神病院实则为软禁之所。

从沙皇俄国开始就发生过把持不同政见者关进精神病院的案例，契诃夫在小说《第六病室》中描写了沙皇时代的精神病院，里面关押的人并非真正疯癫，而是对社会不满的人。到了苏联时期，克格勃也存在有计划、成规模的迫害活动，其方法之一便是用精神病来迫害持不同政见者。在美国的“庞德叛国案”一案中，精神病学也与政治扯上了关系。

埃兹拉·庞德（Ezra Pound）是一位美国诗人和评论家，成长于爱达荷州，后就读于宾夕法尼亚大学，在那里，他阅读关于古典文学、美国历史和罗曼斯语言文学方面的书籍。庞德是意象派的代表诗人，意象派诗歌以鲜明、准确、含蓄、凝练的意象展现事物，如庞德在《地铁站台》一诗中写下了经典的诗句——人群中这些面孔幽灵一般显现；湿漉漉的黑色枝条上的许多花瓣。诗人 T.S. 艾略特评价庞德说：“庞德是对 20 世纪的诗歌革命贡献最大的诗人。”

1898 年，庞德第一次前往欧洲，此后他四次前往欧洲，并于 1908 年定居伦敦。在欧洲，庞德一度成为举足轻重的人物。庞德与多位作家、艺术家密切交往。他与爱尔兰诗人叶芝交往密切，他以叶芝为师，叶芝也受到了他的诗歌风格影响；他还与詹姆斯·乔伊斯相识，帮助他出版著作《青年艺术家的肖像》和《尤利西斯》；他还帮助过海明威出版著作。

从 1924 年开始，庞德从关注文学创作逐渐转向关注资本主义的政治经济问题。诗人从来不是理性的，理性的人成为不了诗人。庞德早年才华横溢，很早就表现出文学方面的天分，他的诗歌在美国文坛拥有很高声誉。缺乏理

智的诗人迷上了政治，无疑他将走入悲壮的戏剧人生。

经历了“一战”，庞德和同时代的许多作家、艺术家一样，对整个西方的文化、社会深深不满，他潜心研究，试图找到导致这一现象的原因。他对比东西方文化，研究西方社会的整个历史，结果他迷上了墨索里尼。庞德认为墨索里尼是上帝派到堕落的西方世界的使者，能够拯救人民于水火。

“二战”之前，庞德跑到了意大利，在那里成立了一个反美广播电台——为墨索里尼而成立的。利用他在文学界的声望，庞德通过撰写文章，发表广播的方式攻击同盟国，赞扬轴心国，宣传他的法西斯主义思想和反犹态度，庞德的一系列举动把他那大洋彼岸的祖国母亲气坏了。他的电台一直存在到盟军登陆，意大利战败投降，自然而然地，庞德成了俘虏。

一开始，庞德被关押在意大利比萨的俘虏营中，在对墨索里尼的崇拜化为泡影后，庞德在监狱中完成了《论语》的翻译，他把每一句“子曰”翻译成英文，虽然他不是第一个翻译《论语》的人，却交出了一个错误最少的版本。时至今日，庞德的译本依然为人们所使用。

1945 年，庞德作为战俘被引渡回美国受审，他被控叛国罪，如果罪名成立，他很可能面临死刑。由于庞德的巨大名声，美国社会产生了两种不同的意见。有人认为他应该受到严惩，但也有很多有名望的人为他求情，其中包括出版界、文学艺术界的著名人士以及政治名流，如大作家海明威。

庞德的律师以他有精神病为由提出了无罪辩护，4 名精神病医生检查过庞德的精神状况后，认为他精神错乱，不适宜接受审判，应该在精神病院接受治疗。陪审团听过精神病学家的证词后，用了不到 5 分钟的时间做出判决：庞德患有精神病。1945 年 12 月，庞德被关进了华盛顿圣伊丽莎白医院，此后，庞德在那里度过了 13 年的漫长岁月。

刚被关起来，庞德在病房里大喊大叫，试图证明自己没有疯掉，为此，他的身体吃了不少苦头——医生为他注射了大量的镇静剂。听闻墨索里尼被绞死，庞德反而安生了许多，他放弃无谓的挣扎，重新开始他的诗歌创作。

庞德的非理性不仅仅体现在迷恋墨索里尼这件事上，他对汉语文化的迷恋也走到了疯狂的地步。他坚信，一定是某个神灵创造了汉字，他喜欢中国诗，在他眼中，古汉语与白话文没什么区别，停留在意大利的那段时间，为了表达他对汉语文化的喜爱，他在诗歌中如此写道：整个意大利找不到一家中餐馆，这个国家就完蛋了。

在精神病院里，庞德保持着惊人的作品产量。庞德有一间独立的房间，在那里，他每天都在打字，内容包括诗歌、翻译作品以及他给各杂志社撰写的稿件和信件。庞德对中国文化的热爱众所周知，在他的翻译作品中，涵盖了《诗经》《大学》《中庸》，他还翻译了墨索里尼的日记和索福克勒斯的一部悲剧。身在精神病院，庞德的许多作品仍在出版。

从 1956 年起，美国社会发起了要求释放庞德的运动，各界人士奔走了两年多，直到 1957 年，庞德才有机会离开精神病院。那时，诗人弗罗斯特和曾任国会图书馆馆长的麦克利什为庞德游说政府，他们认为，艾森豪威尔政府已经释放了许多纳粹战犯，没有理由继续关押一位诺贝尔文学奖提名作家，尽管他被关在精神病院而不是监狱。庞德最终被释放，由于他身患无法治愈的精神错乱症，永远不宜受审，他顺利地躲过了法院的再次审判。

对庞德的叛国罪指控被撤销，但他被剥夺了诸多权利，如签署支票和法律文件的权利。在精神病院生活了 13 年，庞德似乎早已习惯，获准离开时，他并没有迫不及待，反而把一个牙科预约放在了前头。一个月之后，庞德才正式离开医院，其病历本上的注释写道：“状况无改善。”讽刺的是，1949 年，曾经受到政府指控的诗人在这所精神病院里创作的诗集《比萨诗章》获得了国会图书馆颁发的博林根诗歌奖。

出院两个月后，庞德离开美国，前往意大利的那不勒斯，他对墨索里尼的信仰并没有发生改变。他宣称“整个美国是一个疯人院”，对于他是否真正患病，庞德给出了否定的回答。

对于庞德是否真的陷入疯狂，医院方面也没有定论，有人认为他精神健全，他以精神错乱为由，正好躲过了叛国罪的审判，而把他关进医院是美国政府迫于形势采取的折中办法，审判庞德很可能为政府带来更多麻烦。也有人认为庞德真的精神失常，他患有自恋型人格障碍，后来又被诊断出精神分裂症。

第四章

幻觉中的灵感
——歇斯底里与怪癖

渡渡鸟的漫游——卡罗尔

小女孩爱丽丝遇见了一只会说话的兔子，因为追赶兔子，爱丽丝掉进了兔子洞，由此进入了一个神奇的世界，在那里，所有吃的东西都很古怪。喝口水可以变得和老鼠一样大，吃口蛋糕则会变成巨人，吃蘑菇的左边会长高，吃蘑菇的右边则会变矮。

爱丽丝好奇又欣喜，她遇见了很多人，还有动物，渡渡鸟、蜥蜴比尔、柴郡猫、疯帽匠、三月野兔、睡鼠、素甲鱼、鹰头狮，还有丑陋的公爵夫人。在一个大花园里，爱丽丝遇见了一整副扑克牌，红桃皇后脾气粗暴，红桃国王则是一个好老人。为了帮助兔子寻找丢失的扇子和手套，爱丽丝经历了一系列冒险，她在探险，同时也在追问“我是谁”，当她慢慢长大，变成了一个“大”姑娘时，才发现一切都是梦境。

这个故事听起来是不是很耳熟？没错，这就是英国作家刘易斯·卡罗尔在《爱丽丝梦游仙境》一书中讲的故事。过去的一百多年里，这个生动有趣的童话故事赢得了全世界的喜爱，也为卡罗尔带来了巨大的名声，可是许多人不知道，除了是一位作家，卡罗尔还有其他身份，比如数学家，比如摄影师，比如画家，比如恋童癖患者。

说到恋童癖，这是卡罗尔一生唯一与丑闻相关的线索。卡罗尔终身未婚，且对成年女性态度冷淡，相反的，他喜欢小女孩，总是能够与她们相处愉快。在卡罗尔留下的照片和素描中，人们发现了裸体或者半裸的小女孩，这也是人们怀疑他恋童情结的最有力证据。他那被割去的7页（一共13本）日记，很可能是其家庭成员为了保全家族名声而做出的取舍。

即便对小女孩“情有独钟”，也不能断定卡罗尔就是以儿童为对象获得性满足的“怪蜀黍”。典型的恋童癖对青春期之前的孩子感兴趣，多为男性，他们对小男孩或者小女孩有着特殊的兴趣，对成年异性不感兴趣，只喜欢与儿童交往，只有和儿童交往时，他们才觉得真正地开心。为了获得天时、地利的优势，恋童癖者通常以邻居家、朋友家或亲戚家的孩子为目标，在与他们玩耍，逛公园的过程中寻找性接触的机会。

恋童癖基于多方面原因造就，包括心理因素、社会因素、家庭因素、性格缺陷和其他原因。留恋童年时代，在成年人的人际关系中受挫，夫妻关系不好，性生活不和谐以及残疾、慢性酒精中毒、智力发育迟缓等因素皆会诱发成年人对儿童的兴趣。恋童癖患者中，通常分固定型、回归型、攻击型三种。固定型对成年人不感兴趣，只有儿童能满足他们的心理、生理需求；回归型外表看起来和其他人一样，他们人际关系良好，能够如常人一般恋爱结婚，但是在遇到重大精神刺激后，便以不成熟的方式表达性冲动；攻击型则以折磨儿童满足扭曲的心理需要，他们用残忍的手段蹂躏儿童，在心理层面，攻击型与施虐狂很相似。

对任何一个天真儿童来说，“怪蜀黍”都是可怕而危险的存在，那么，卡罗尔是这样一个令人生畏的“怪蜀黍”吗？我们可以从他的人生轨迹中找找线索。众所周知，刘易斯·卡罗尔是他的笔名，他原名查尔斯·路德维希·道奇森（Charles Lutwidge Dodgson）。由于他患有口吃，常常把Dodgson念成Do-Do-Dodgson，因此，人们猜测《爱丽丝梦游仙境》中的“渡渡鸟”（Dodo）实际上是他的化身。

卡罗尔出生于英国柴郡一个牧师家庭，他的家族是一个显赫的家族，其成员多为英国圣公会成员。卡罗尔的父亲是一位牧师，拥有数学、神学双学位，颇有数学天赋。卡罗尔受父亲影响很大，尽管他对宗教的态度比较暧昧，但对数学情有独钟。

12 岁之前，卡罗尔在家里接受教育，从 12 岁开始，他进入一家私人学校上学，两年后转入鲁比中学。他在那里过得并不开心，但是学业成绩突出，学校校长称赞他说："我来到鲁比中学以来，没看到比他更有前途的同龄孩子。"进入牛津大学基督堂学院后，卡罗尔没能拿到神学学位，但是拿到了数学学位，以优异的成绩毕业后，卡罗尔得以留在基督堂学院教授数学。此后，卡罗尔在基督堂学院教授了 26 年的数学。

执教期间，卡罗尔结识了基督堂学院新任院长李道尔一家，很快，爱丽丝的原型爱丽丝·李道尔出场了，她是李道尔家三姐妹中的二女儿，和她的姐姐洛丽娜、妹妹埃迪丝一样都是活泼可爱的小姑娘。人们普遍认为，《爱丽丝梦游仙境》中的爱丽丝就是李道尔家的爱丽丝，可是卡罗尔本人极力否定。卡罗尔和李道尔一家相处愉快，经常互相拜访，一起划船郊游。一天，在野餐会上，爱丽丝央求卡罗尔为她讲一个故事，卡罗尔随性地讲了一个"小姑娘掉进兔子洞"的故事，正是那部经典童话的雏形。

郊游之后，爱丽丝希望卡罗尔能把这个故事写下来，卡罗尔照做了。卡罗尔把这个故事写完，并且配上了亲手画的插画。卡罗尔的朋友看过手稿后，非常赞赏，并为他联系了出版社，在商讨过几个不合适的名字后，《爱丽丝梦游仙境》被确定下来，这本书于 1865 年出版，泰尼尔为其绘制了第一版插画。

年轻时，卡罗尔创作过诗歌和小说，他第一次使用刘易斯·卡罗尔这一笔名是为了发表诗歌《寂寞》，那是一首浪漫风格的作品，但并未给他带来多大名气。《爱丽丝梦游仙境》风靡一时，这部童话充满了离奇的幻想，风趣幽默，颇有诗情，摆脱了传统说教的模式。奥斯卡·王尔德和维多利亚女王都成了它的读者。随着书籍的畅销，卡罗尔的名气大增。

1871 年，《爱丽丝梦游仙境》的姊妹篇《爱丽丝镜中奇遇》出版，与上一本轻松明快的风格不同，这本书明显带有黑暗的格调，卡罗尔本人的生活经历、个人心境不自觉地投射其中，由于父亲的去世，卡罗尔抑郁了好几年。除了“爱丽丝”系列作品，卡罗尔还写过诗歌《猎蛇鲨》和《废话》，诗歌中充满了滑稽的词汇，几乎满篇都是废话，这两部作品亦被称为“废话派”的典范之作。

卡罗尔在作家这个身份之外，最重要的身份是数学家。卡罗尔在牛津负责教授几何学、线性代数和数学逻辑，还写过十几本学术专著，不过，他在数学方面并没有特别的建树。他本人倒是对发明创造情有独钟，比如可以在黑暗中写字的板子，比如一个叫“重复排版”的桌面游戏，由于缺乏实用性，他的发明投入被应用的很少，基本变成了他自娱自乐的玩意儿。

在摄影领域，卡罗尔则是一个先锋。1856 年，他用湿火棉胶照相术拍摄了他的第一张照片。从留下来的照片上可以看到，卡罗尔是一个面容精致的英伦帅哥，可惜天妒英才，让他在诸多方面并不那么完美。童年时，卡罗尔因为高烧导致一只耳朵失聪，17 岁时，因为剧烈的咳嗽，卡罗尔的肺部也受到了伤害，此外，他还有口吃、偏头痛和癫痫的毛病。

此后，他为爱丽丝·李道尔拍摄了许多照片，其中包括自然的和富于想象的姿势。在卡罗尔留下的一张照片里，爱丽丝穿着一条破碎的白色裙子，领口被扯下一块，摆着略微撩人的姿势，卡罗尔在日记中写道：“12 岁左右的小女孩是我心目中美的最佳定义。”“为什么女孩的美好形态要被衣服遮住。”

爱丽丝无疑在卡罗尔的人生中留下了深刻的痕迹，在给爱丽丝的信中，卡罗尔写道：“在你之后我有无数的小女孩朋友，可她们与你完全不同。”卡罗尔后来与李道尔一家疏远，有人猜测卡罗尔求婚被拒，也有人猜测，他们之间的关系被爱丽丝的母亲发现，她及时阻止了一段可能会给年轻淑女的名声带来影响的浪漫关系。长大之后，爱丽丝嫁给了一位绅士，卡罗尔则终身未婚。

关于卡罗尔被毁掉的日记，有人说和小女孩有关，有人猜测，卡罗尔在日记里记录了关于爱丽丝的内容，当然，在“证据”被毁掉之后，后人能做的只是猜测而已。除了这些，卡罗尔并没有留下更多劣迹的证据，似乎他对小女孩的感情是发乎情，止乎礼的，他把内心激情力压下来，投射到艺术创作之中。

包法利夫人是我——福楼拜

这是一个关于福楼拜的段子。

话说，有客人到福楼拜家里拜访，彼时福楼拜正在与他的大作鏖战，他已经从早上写到中午了，客人问他："写了多少？"福楼拜回答："我写了一个逗号。"吃过午饭，福楼拜继续埋头写作，到了晚饭时分，客人又问他："写了多少？"福楼拜答："我把早上那个逗号抹掉了。"

名人段子必定有夸大之嫌疑，目的在于体现福楼拜对作品的精雕细琢之程度。实际上，福楼拜对文字、叙述之挑剔是出了名的，几乎到了疯狂的程度，稍不满意，他就将写好的稿子付之一炬。他将《包法利夫人》的手稿删掉了 4500 页，从 5000 页删减到 500 页，可见其精益求精的态度。有此"怪癖"，福楼拜肯定成不了巴尔扎克那样多产的作家，但他留下的少而精的作品，足够后人反复研究，不断从中发掘养料。

福楼拜出生于法国鲁昂，父亲是医学教授兼外科主任，母亲则是医生的女儿。从小生活在医院里，让他养成了客观、严谨分析问题的习惯，他用医生解剖人体般的锐眼观察社会和人心，将纯客观的现实不动声色地写到了小说里。在生活上，福楼拜过得没有创作时那么较真，尽管耳濡目染医院的环境让他对疾病特别敏感，终其一生，福楼拜还是没能躲过命运的捉弄，在梅毒、癫痫的影响下，福楼拜一生忧心，受尽折磨。

说起梅毒，在福楼拜生活的 19 世纪，那不仅仅是一种卫生疾病，而且是社会病、文化病。自从 15 世纪西班牙人用天花和美洲人“交换”回了梅毒，这一疾病经由西班牙、意大利、法国，一直传播到波兰、俄罗斯。随着葡萄牙水手的足迹，梅毒旅行到了印度、中国和日本，很快，全世界实现了“互通有无，交流共享”。

有趣的是，梅毒在欧洲有着多种多样奇怪的名字，意大利人称其为“西班牙病”，法国人称其为“那不勒斯病”，英国人称其为“法国病”——按照疾病传播的轨迹，人们自然而然地将责任推给了带来病毒的那一方，于是，俄国人把梅毒说成“波兰病”。

梅毒是一种经过性行为传播感染的疾病，病毒感染 10 年或 15 年后发病。随着病情的发展，如果不加治疗，病人会在 3 ~ 5 年内死亡。在 19 世纪，治疗梅毒的常用方法是甘汞治疗。甘汞是一种有毒的矿物质，主要成分是氯化汞，可导致服用者水银中毒，造成牙龈损坏、消化道黏膜损坏等。在很长时间里，这是一种无法治愈的疾病，从发病到死亡、病人长期忍受着病毒升级和糟糕的治疗方法带来的痛苦，由梅毒引发的癫痫则成了病人时刻担心的定时炸弹，末期病人会出现瘫痪、精神错乱，出现异常的行为，即发疯。

讽刺的是，梅毒又和历史上伟大的作家有着密不可分的关系。福楼拜、莫泊桑、贝多芬、舒伯特、王尔德、乔伊斯、舒曼，这些大咖的名字无一不与梅毒发生关系，梅毒为他们带去痛苦，梅毒引起的并发症癫痫则为天才们的创作提供了灵感。当你从《欢乐颂》中听到敏锐的洞察力，从《尤利西斯》中感受到神奇的知识体验，不要忘了，那迸发的灵感还有梅毒的一份功劳。

好了，我们说回福楼拜。23 岁那年，福楼拜首次癫痫发作，这次发作和梅毒以及父母给他施加的压力有直接关系。作为医院院长，福楼拜的父亲偏爱他的哥哥，并且希望哥哥学习医学，将来继承家业。至于福楼拜，父亲希望他学法律，将来成为一名律师。只可惜，福楼拜对法律毫无兴趣，被送进巴黎大学法学院后，福楼拜心思根本不在学习上，每天逛街，最终他考试不及格，还感染了梅毒。父亲要求他再考，在极度压抑的精神状态下，福楼拜癫痫发作了，此后多年，癫痫一直伴随他，时不时地发作。

据说，福楼拜的父亲对他这个浪子感到耻辱，他并未对福楼拜做过诊断，也拒绝谈论儿子的病情。因病，福楼拜最终放弃了法学院的考试，不过，他在巴黎结识了大文豪雨果和女诗人路易丝·高莱，后者与他有近十年的交往，那段时间里，福楼拜写下了《情感教育》初稿。

如果说癫痫发作为福楼拜带来什么好处，那就是体验癫痫发作时的自身状态。癫痫的发病位置在颞叶，病变引发的幻觉、情感迸发和记忆流动会影响作家的创作，福楼拜曾经把作品中的人物塑造成癫痫病人，其客观写实的描写，来自他个人癫痫发作的强烈体验。

父亲去世后，福楼拜在鲁昂附近的克罗瓦塞别墅定居，家境殷实，福楼拜可以把大量时间花在他喜爱的写作上，除了偶尔到巴黎拜访朋友，福楼拜每天待在家里写作。他可以随心所欲地写，也可以随心所欲地烧，不需要像巴尔扎克那样，为了写作向胃里灌入大量的咖啡。终其一生，福楼拜写了 6 部小说。

在毛姆看来，福楼拜并非文学上的天才，巴尔扎克一个星期能写出来的文字，福楼拜往往需要两个月。福楼拜的写作不是依靠灵感，而是依靠勤奋努力和敏锐的观察。如同《包法利夫人》，在字里行间，读者看不到天马行空的想象，也看不到恣意挥洒的文采，他追求的是一种理想的文体，即简短干脆的句子，为了强调用词的灵活，他绝不允许在同一页上使用相同的词语。

36 岁那年，福楼拜终于写出了令自己满意的小说《包法利夫人》。这部花了四年多时间写就的小说，作者在收笔时经历了一次创作过程中的高峰体验——他自己变成了包法利夫人。当女主人公爱玛遭遇现实的打击，被情人背叛，陷入债务危机时，她选择了服毒自杀，在爱玛吞下砒霜的那一刻，福楼拜全身抽搐，感觉自己满嘴砒霜味道，如同他也中了毒一般，此后，他在多个场合宣称，“包法利夫人，就是我！”《包法利夫人》在出版后的第二年被当局查禁，理由是有伤风化，经过福楼拜的诉讼，这本书成功翻案，一时间成为畅销书。这部小说为福楼拜赢得了崇高的声誉，也成为他一生著作中最具代表性的一部。

在接下来的《情感教育》一书中，福楼拜讲述了他和艾丽莎·施莱辛格之间的爱情故事。在这部副标题为“一个青年的故事”的小说中，福楼拜讲述一个青年去巴黎上大学，途中对阿尔努夫人一见钟情，在阿尔努夫人那里受挫后，又与交际花萝莎妮相好，在恋爱与政治活动中奔波了一阵子后，青年并没有与任何一位情人走到一起，而是独自以无聊、虚度的方式走完了一生。

回到现实中，福楼拜一生有两个重要的女人，其中之一是艾丽莎·施莱辛格，一个比他年长 11 岁的妇人，与艾丽莎·施莱辛格的爱情是福楼拜的初恋，这段爱情持续了几十年，最后变成了柏拉图式的爱情。另一位女人是路易丝·高莱，福楼拜与她相识时，她已经嫁为人妻。两人见面后很快陷入热恋，多年来保持书信来往，福楼拜写了多封情书给她，有趣的是，当高莱先生去世，路易丝跟福楼拜提出结婚时，福楼拜却拒绝了，理由是“假使我每天看到你，恐怕我爱你的热情就会降低了”。

福楼拜对爱情的态度，既渴望爱又恐惧爱，和他与母亲糟糕的关系有关，和他身患疾病造成的自卑心理也有关。尽管养情妇、患梅毒在文艺复兴时期并不是大事，早在 18 世纪，人们用“与维纳斯共度一夜，与甘汞厮守一生”这样的俏皮话感叹梅毒给人带来的痛苦。到了 19 世纪，人们已经把它当作社会性的羞耻了。在福楼拜给好友的信件中，他巧妙地避讳谈及所患疾病，在请医生为他诊断时，他采用的是不对外人暴露自己身体的形式。疾病带来的羞耻感，当事人体会得最为深刻。

疾病带来的不仅是身体上的耻辱，还有心理上的自卑。梅毒能引起癫痫发作，癫痫发作时，病人全身抽搐、口吐白沫，其模样令人惊愕。而且，癫痫的发作不分时间、地点和场合，发作越频繁，病人心理上越担心，自卑情绪越严重。福楼拜宁愿守护一段柏拉图式爱情，而不愿与高莱夫人结成夫妻，其自卑心理的作用大于对爱的热情消减的担忧。

梅毒发作后期，福楼拜忍受着巨大的身体疼痛。与此同时，他还遭受着关节炎、反复感冒发烧、神经痛、忧郁症等慢性疾病的困扰。身体与心理上的不适一同造成福楼拜的身心劳顿，渐渐地，他精神疲惫，悲观厌世，经常处于狂怒的状态。长期反复发作的疾病将福楼拜推向了死亡之谷，59 岁那年，福楼拜便撒手人寰了。

才子多情又多病——莫泊桑

提到福楼拜，不可不提的人物便是莫泊桑。我们在《福楼拜家的星期天》里认识莫泊桑，在《我的叔叔于勒》中认识莫泊桑，在《羊脂球》《漂亮朋友》等短篇小说里认识莫泊桑，当然，我们还从与福楼拜亦师亦友的关系中认识莫泊桑。

同为法国文坛大师级人物，莫泊桑比福楼拜年少近三十岁，他们没有血缘关系，却建立了如同父子般亲密的关系。莫泊桑出生在法国小贵族之家，父亲把家财挥霍一空后到巴黎工作，莫泊桑在小说《一生》中描写了吃喝嫖赌、挥霍家财的男主人公拉马尔，实际上，拉马尔和他父亲有很多相似之处。

从莫泊桑出生开始，父母的关系已经糟糕，在他 11 岁时，父母彻底断绝来往，不过，莫泊桑的母亲一直关心他的学业。在他因调皮捣蛋被学校退学时，在母亲的帮助下，他得以进入中学继续接受教育。福楼拜是莫泊桑母亲儿时的玩伴与邻居，通过这层关系，莫泊桑在 17 岁时便结识了福楼拜，那时后者已经是享誉全国的大作家。

二人性格迥异，并不妨碍他们之间父子般的情谊，在福楼拜的指导下，莫泊桑亦在文学上取得巨大成就。莫泊桑在成为全职作家之前，先后在海军部和教育部任职。海军部的工作是一个抄抄写写的小职员，莫泊桑并不擅长处理烦琐的公务和人事，每到假日，他便到塞纳河畔玩耍，与爱好水上运动的伙伴们玩乐。

古来文人皆风流，这一对“师徒”亦不例外，福楼拜与路易丝·高莱、艾丽莎·施莱辛格谈了几十年的恋爱，并把现实中的爱情故事投射到文学创作当中，柏拉图式的恋爱滋润了作家的精神世界，也丰富了作品的人物与内容。莫泊桑在这条路上走得比他的师傅更远、更离谱。

话说，莫泊桑一生有三大爱好：写作、游艇和美女。他一生写作，尽管创作生涯只有十多年，但是他产量丰盛，一共写了三百多部短篇小说，还写了六部长篇小说。小说《羊脂球》发表之后，得到了福楼拜的赞誉，作家亦一举成名。后来，莫泊桑辞掉工作，专职写作，在出版了短篇小说集《德利埃公寓》、长篇小说《一生》之后，莫泊桑完全可以凭借版税生活。

莫泊桑喜欢四处游玩，喜欢航海他先后购买多艘游艇，与朋友、情人一同出游。在放荡的私生活中，莫泊桑也不幸感染了梅毒，同样经受着肉体和精神上的折磨，福楼拜去世时“像被一只巨大的手掐死一只昆虫”，莫泊桑则死在了精神病院，以癫狂的、疯魔的姿态离去。

成年后的莫泊桑长成了一个中等身材、身体健壮的男人，他精力旺盛，好寻花问柳，名媛淑女也好，女工农妇也好，只要是长得漂亮，他皆愿与其发展一段浪漫关系。因为来自诺曼底农村的关系，刚到巴黎时，莫泊桑连与贵妇打交道的礼节都不懂，因而喜欢乡村的漂亮姑娘，她们打扮朴素，体态丰满且头脑简单，这些“傻白甜”的女孩也成了他笔下的人物。《绳子姑娘》这篇小说就讲了一位乡村姑娘的荒唐经历。她毫不动情，却和 5 个小伙子发生了关系，怀了孩子，她连孩子的父亲是谁都不知道。

因写作而成名后，莫泊桑在巴黎名声大噪，名声带来财富，他开始在巴黎购置别墅、买游艇，进入名流社交圈。在贵夫人中，莫泊桑备受爱慕和追求，他体魄健壮，仪表堂堂，最重要的是，他身上兼具野蛮与文明、天真与狡诈，既善良又愚蠢，富有才华又鲁莽多情，是贵妇情人的“标配”。

四处寻花问柳，也让莫泊桑付出了健康的代价。莫泊桑 43 岁去世，一生

当中，他经历了梅毒发作的全部阶段，一期、二期和三期。年轻时感染梅毒，发病时持续不断的痛苦，到三期各种并发症爆发时，他陷入了疯狂的状态。在彻底疯掉之前，莫泊桑经历了短暂的创造性爆发。

刚刚获知自己得了梅毒时，莫泊桑写下了如此感想："我得了梅毒！终于！真的是梅毒！不是不屑一顾的淋病、菜花之类的，是梅毒，弗朗西斯一世就是死于梅毒。雄伟的梅毒，纯粹简单；优美的梅毒……我得了梅毒……我觉得骄傲，去他的布尔乔亚。"

在教育部任职期间，由于病情恶化，莫泊桑以治疗神经性抑郁为名，请假去瑞士疗养，然而疗养对他的病情并没有帮助，接下来的十年中，莫泊桑严格遵循医生的建议，拖着药箱四处疗养，可是情况不见好转。试想一下，在只有水银和碘化钾可用的年代，病人能期待奇迹发生吗？由于大量服用水银，莫泊桑贫血畏寒，四肢疼痛，因为担心中风发作，后来他不得不停止使用桑拿的方法治疗四肢疼痛。

此外，头痛、失明的症状也困扰着莫泊桑。他描述头痛时说："……我的头好像要粉碎了，这种痛苦让人发疯，让思想飘浮，让记忆像风中的尘土一样飘散。"30 岁时，他的右眼几乎失明，眼科医生从不太严重的症状中看到了这位年轻、有活力的作家 10 年之后的结局。

莫泊桑忍受着剧烈的头痛进行写作，头颅好像快要炸开一样，阅读尚且不能，更不用说写作了。痛极难忍时，莫泊桑在房间里四处乱窜，双手按压太阳穴，把额头贴在玻璃上，不管他用什么方法，头痛并没有因此而消减。

在最终崩溃之前的三四年时间里，莫泊桑表现得精神异常，严重的神经痛、间歇性失眠，躁狂和抑郁交替出现，这些情绪无意识地流露在他的作品当中。患有精神病的弟弟去世后，莫泊桑的精神受到了严重的刺激，一天之内，他有时看不见东西，有时记忆中断，此外，他还经常产生幻觉，比如在他回家时看见自己正坐在扶手椅上，比如看见修士们抬的棺材里躺着的是他自己，比如看见弟弟的墓碑上刻着他的名字……最终，莫泊桑迎来了躁狂抑郁发作阶段。他时而情绪激烈，兴奋异常，什么事都做得出来；时而悲观厌世，忧郁难解，伴有恐怖的幻想。

去世一年前，莫泊桑举起左轮手枪对着自己的太阳穴开了一枪，幸好仆人早已将子弹退出去，他放了空枪，没有伤到自己。随后，他又用切纸刀划破了自己的脖子。折腾了几天，莫泊桑被送到了白朗希精神病院。在那里，他有时很理性，还能讲笑话给来访者听，有时则被幻觉控制，他在文字里幻想自己拥有大量财富，还说自己的尿液里藏有钻石和珠宝，他对着墙壁大叫，舔墙壁，说自己是圣母玛利亚的儿子……总之，他的病情逐渐恶化。

在白朗希精神病院，莫泊桑的病程记录上写着“狂躁性精神病”“疑病性忧郁症”和“麻痹性痴呆症状”。在去世之前，莫泊桑陷入了狂怒状态，用自杀威胁周围人，几经折腾，他的病情没有好转，反而加剧。医生如此描述莫泊桑的症状：“时常出现幻觉，瞳孔大小不一、呆滞、舌头发抖，有时说话困难，肌腱反应消失；强烈疑病性……”在精神病院住了 18 个月，莫泊桑走完了他的生命旅程。

多写症与高产作家——陀思妥耶夫斯基

陀思妥耶夫斯基是一位写出《罪与罚》《群魔》《卡拉马佐夫兄弟》等不朽名著的伟大作家，同时他也是一位癫痫病人，一个神经质，一个罪人。毛姆认为陀思妥耶夫斯基“自负、多疑、急躁、自私、轻率、过分谦卑、不可信赖、心胸狭窄、爱吹牛又不宽宏大量”，与此同时，毛姆也肯定他的勇气、大度和慈爱。

高尔基评价陀思妥耶夫斯基说：“陀思妥耶夫斯基的天才是无可争辩的，就艺术表现力而言，他的才华只有莎士比亚才能与之媲美。但他是一个残酷的天才。”总之，陀思妥耶夫斯基是一个难解的作家。在这里，我们只从一个角度——身体疾病、心理创伤与文学创作的关系，看看癫痫病——陀思妥耶夫斯基 18 岁第一次发病并伴随终身——与文豪创作的关系。

癫痫是一种大脑功能失调综合征，发作时，病人全身肌肉收缩痉挛，陷入昏迷昏睡状态。此外，病人还会出现眩晕、幻觉，在意识、感觉和运动方面出现障碍。发作之后，病人和正常人没什么两样。癫痫病人中，有的人成了伟人、天才，有人则和白痴没有区别。弗洛伊德说：“这种病往往伴有明显的白痴现象和极严重的大脑缺陷……某些程度不同的发作也会发生在一些智力发展良好的人身上和有着过分的、经常失去控制的感情生活的人身上。”

弗洛伊德从精神分析的角度研究过陀思妥耶夫斯基，1928 年，他发表了一篇题为《陀思妥耶夫斯基与弑父者》的论文，评论陀氏的长篇小说《卡拉马佐夫兄弟》。弗洛伊德认为，陀思妥耶夫斯基的癫痫病并非来自生理原因，而来自他的心理因素——对父亲之死的负罪感。弗洛伊德从“俄狄浦斯情结”的角度分析陀思妥耶夫斯基身上的弑父恋母情愫，因父亲去世而带来的癫痫发作，并非因为过度悲伤，而是他脆弱敏感的神经无法承受突如其来的狂喜，而“弑父”也是《卡拉马佐夫兄弟》的主题之一。

当然，弗洛伊德这一臆想的假设已经被当代学者、医学家否定。从陀思妥耶夫斯基的家谱可见，他的癫痫病来自家族遗传和脑部创伤，他的父亲被

农奴杀死，但有证据显示，他的父亲有过癫痫发作的经历，而陀氏的后代同样患有癫痫病，他的儿子死于癫痫发作。脑科专家在研究过陀思妥耶夫斯基的肖像之后，发现他的脸部明显的不对称——脑部畸形的生理表现，这进一步证实了陀思妥耶夫斯基癫痫病的生理基础。

陀思妥耶夫斯基的精神状态的确有遗传的因素。他的父亲是一名性格暴烈而冷酷的军医，酗酒成性，对孩子态度粗暴，陀思妥耶夫斯基从少年时期就表现出极端神经质与敏感、多疑、急躁，和他的父亲有着莫大的关系。陀思妥耶夫斯基一直为有这样的父亲而愤怒，他恨，诅咒，希望他死掉，可是他真的死掉了，陀思妥耶夫斯基却备受打击。18 岁那年，由于父亲被农奴杀死，陀思妥耶夫斯基第一次癫痫发作。

弗洛伊德认为，陀思妥耶夫斯基从童年时期（可能在 9 岁）就表现出癫痫的特质，只是没有遇到过重大的精神刺激，病情一直隐秘地潜伏着。此后一生，陀思妥耶夫斯基的癫痫病总是在重大的人生事件中发作，如在一次名人云集的盛大晚会上，陀思妥耶夫斯基癫痫发作，昏了过去，在他和第一位妻子玛丽亚的婚礼之后，陀思妥耶夫斯基再次发病，把他的新娘子吓个半死。

从陀思妥耶夫斯基的嗜赌可以看到他神经质的一面。他去赌场赌钱，每次都输得一文不名，尽管他不断向妻子保证，他不会再去赌，但他从来没遵守过自己的诺言。即使处在极度贫困的状态下，即使被妻子责骂、侮辱，他也没能改掉这一恶习。

实际上，陀思妥耶夫斯基根本就没想过改。他认识到，他完全是为了赌博而赌博，赌博是一种自我惩罚的手段，从输钱，从妻子的责骂当中，他获得了一种病态的满足。他病态地爱着承受愧疚感的内心煎熬，在他失去了一切，卖光了所有财物之后，他的愧疚感得到了缓释，继而把精力投入写作中去。作为俄罗斯文学的“三座大山”，陀思妥耶夫斯基展现出与托尔斯泰、屠格涅夫完全不同的眼界和视角，他不屑描写诗意的美好，不展现思想的灵性，而是以阴郁的风格直接面对人性的阴暗面。一生当中，陀思妥耶夫斯基尝遍了人间苦难，忍受贫穷、坐牢、苦役，面临死刑判决前的极端恐怖。个人心理特点体现在创作上，使得他的作品极其复杂、矛盾，叫人看不清楚。他以近乎残酷的方式挖掘人性，不断拷问自己的灵魂。因而他的作品以心理分析见长，在揭示肉体与精神痛苦、内心分裂方面，陀思妥耶夫斯基具有其他作家难以企及的优势。

陀思妥耶夫斯基对自己的病情非常了解，从 39 岁开始，每一次癫痫发作，他都把发病情况记录在笔记本上，写了 20 年，一直到 59 岁去世，他的笔记本上记录了 102 次发病经历。在他的笔记本上，写着密密麻麻的字迹，夹着图画，好像作家准备将纸上的每一个空白处填满。癫痫病发作对陀思妥耶夫斯基的创作产生了积极的影响，在给哥哥的信中，他写道："以往每次我经历这种神经紊乱时，我都会把它用在写作上；在那种状态下我会比往常写得更多，也会写得更好。"

陀思妥耶夫斯基的传记作家研究了他的病症，发现了一种与癫痫病共存的病症——多写症。多写症发作时，作家拥有了持续的、旺盛的创作冲动，他像着了魔一样，不停地写、写、写。陀思妥耶夫斯基的作品便是在不停地写、写、写中创作出来的。他是一位高产作家，一生写了 19 部长篇和众多中篇小说，还留下了大量的笔记、日记和书信文字。

有趣的是，备受癫痫病困扰的陀思妥耶夫斯基并没有因此创作粗制滥造的文字，写作时，他的思路非常清晰，精神状态比身心正常的作家还要好。疾病没有让他胡言乱语，反而让他变得敏感，能够走入病态、绝望的社会里，感受被社会逼疯的形象、被扭曲的心灵。

癫痫病丰富了陀思妥耶夫斯基的小说，在陀思妥耶夫斯基的作品中不乏癫痫病人形象，如《白痴》中的梅什金、《卡拉马佐夫兄弟》中的斯麦尔佳科夫。他善于描写癫痫病人的真实状态，也尝试过描写精神分裂。梅什金是一个自传性质的人物，尤其在癫痫病方面，发病前后的真实感受，明显来自陀思妥耶夫斯基的个人经历。

陀思妥耶夫斯基发病时非常严重，意识丧失、肌肉痉挛，全身躯体僵直，口吐白沫，半个小时之后才恢复知觉。毫无预兆的发作往往使得作家身体受伤，肌肉由于痉挛而十分疼痛。身体上的痛苦尚可忍耐，精神上的痛苦则令人沮丧。发病之后进入抑郁状态，陀思妥耶夫斯基出现记忆丧失，精神状况也非常糟糕，因为痛苦，他的脾气变得更加暴躁。

疾病让陀思妥耶夫斯基的眼睛变得与常人不同，他能看到世界更复杂的一面，平常人看到一种成分、一个声音、单一画面，陀思妥耶夫斯基却能看到多种成分，互相争论的声音和消沉转瞬即逝后的喜悦表情。作为一个常人，陀思妥耶夫斯基是可怜的、遭受身体痛苦的病人；作为一个艺术家，疾病给了他与众不同的回报。天才之为责任，伟人总是要承受更多才能成其为伟人，或许就是这个道理。

第五章

笨拙的天才
——阿斯伯格综合征

活在自己的世界——爱因斯坦

熟悉《生活大爆炸》的人，肯定对“谢耳朵”这一角色不陌生。在这部制作精良的美剧里，“谢耳朵”作为剧中人的智商担当，非常自负又非常率真。他是一个完美主义者，毒舌又龟毛，单纯却尖锐，做任何事情一定要做到极致，具有严重的强迫症倾向。可惜，“谢耳朵”天文地理无所不知，却唯独不懂人情世故，超低的情商让他毫不顾忌地指出他人的愚蠢，言辞尖锐、伤人而不自知。“谢耳朵”的性格特点为剧集增添笑料时，不禁让人将他与阿斯伯格综合征对号入座。

阿斯伯格综合征是以奥地利精神科医师汉斯·阿斯伯格命名的。1944 年，他在博士论文中描述了四个存在社会交往障碍、沟通不良且有特殊兴趣的男孩，阿斯伯格描述，这是一种温和的孤独症，只在男孩身上发现。论文发表于“二战”期间，阿斯伯格的发现被硝烟和炮火淹没了，直到 1981 年，英国孤独症领域研究专家洛娜·温发表了一篇描述类似症状的论文，为了纪念阿斯伯格最早描述这一病症，洛娜·温将其命名为阿斯伯格综合征（Asperger Syndrome，简称 AS）。当人们将阿斯伯格综合征的症状与历史名人对照时，有了一系列惊人的发现，名单上包括爱因斯坦、牛顿、安徒生……此后 30 年，阿斯伯格综合征引起了西方医学界的重视。

阿斯伯格综合征的主要特点是人际交往障碍。患阿斯伯格综合征的人拥有刻板、重复的兴趣和行为方式，主观上，他们愿意与他人交流，渴望与人建立感情，但是陷在自我中心的交流方式中，无法与他人有效互动。因孤僻怪诞、自我中心以及难以沟通等社会交往方面的障碍，人们常把阿斯伯格综合征与孤独症相混淆。阿斯伯格综合征的确属于孤独症谱系，但是和典型的孤独症不同，阿斯伯格综合征病人并没有语言、认知功能方面的损害，智力正常，个别人在特定方面具有超常能力，如机械记忆。

阿斯伯格综合征病人并非拒绝与人交往，自动将自己置于与世隔绝的状态中，而是他们不懂得人际交往的一些技巧。由于爱钻牛角尖，过分咬文嚼字，无意中得罪他人，阿斯伯格综合征病人很难驾驭繁杂的人际交往和世俗生活。他们过分拘谨，不自在，听不懂谈话中的双关语，也不懂得解读别人的表情、说话的语调。谈话时，强烈的自我中心倾向让周围人甚是痛苦。与人交流时，他们喜欢喋喋不休地演说，夸夸其谈，讲述个人爱好或者与一般社交话题相去甚远的冷门——总之只是谈他自己感兴趣的东西。因此，阿斯伯格综合征病人在社交场上不易受欢迎。在择业方面，很多人选择从事机械的、与人交往少的工作，在工作之外，他们宁愿埋头于个人兴趣爱好中。

儿童时期，阿斯伯格综合征已经显露出特点，如社交困难、沟通困难、固执或兴趣范围狭窄。和孤独症相比，阿斯伯格综合征发病率更高，属于孤独症的高端形式。儿童患上阿斯伯格综合征，表现为说话呆板、单调，不善于使用非语言交流技巧，无法理解他人的情感，身体不协调，常常做出奇怪的姿势，缺乏建立友谊的能力而导致社会隔离。但是在记忆电视节目表、火车时刻表、地图等方面表现良好，限于机械记忆，不能理解记忆内容。

具体症状在不同儿童身上表现不同，程度也不一样，但是他们有着共同的特点：社交障碍。在语言、智力水平发育正常的情况下，儿童的社交障碍常常不被父母、老师察觉，加之这方面的医疗资源有限，不少阿斯伯格综合征儿童被漏诊或误诊。

人们对阿斯伯格综合征的认识只有60年的历史，国内了解这一病症更是近二三十年来才开始的。近年来，越来越多的儿童被诊断出阿斯伯格综合征，实际上，成年人中也存在阿斯伯格综合征，只是限于医疗条件和心理学认知，人们对阿斯伯格综合征知之甚少。成年人中，阿斯伯格综合征患者可以和普通人一样，学习、工作、组织家庭，尽管在婚恋中会遇到困难，阿斯伯格综合征并不会导致人生悲剧。

医学界普遍认为，阿斯伯格综合征儿童是天才的种子。他们聪明、思维敏锐，尽管脾气暴躁、不懂社交，只要加以正确引导，必定会成才成家。医学家在研究历史伟人时，发现了一位典型的阿斯伯格综合征病人——爱因斯坦。天才爱因斯坦并非从小被视作天才，他 4 岁还不会说话，孩提时代非常孤独，大多数时候，他独处沉思，没有朋友，也不喜欢人群，说话时不自觉地重复句子。

爱因斯坦对物理领域的知识具有强烈的兴趣，但是在社会交往和人际交往方面困难重重，他废寝忘食地投入工作，却处理不好穿衣、吃饭、刷牙这种简单的生活事件。在个人生活上，爱因斯坦不是一个模范丈夫，更不是慈爱父亲。他的夫人要教他使用牙刷、梳子和肥皂，像一个超级保姆一样照顾他生活上的一切。面对妻子的抱怨，爱因斯坦则自暴自弃地回敬道：“如果我让你如此倒胃口的话，那就去找个合你胃口的男朋友吧！”落款是：“你的邋遢鬼阿尔伯特”。

爱因斯坦在《我的世界观》一书中表达了他性格中的矛盾性，他具有社会责任感，但是不喜欢接触人群；他总是被媒体包围，被记者追逐，还被提名美国总统，但他最喜欢的是孤独；他对陌生人关怀备至，但是无法照顾自己的儿子。关于爱因斯坦的刻板行为，普林斯顿大学有一个传闻，说他从研究所回公寓时，一路上要数着栏杆数目走，如果他发现数字与往常不一致，便会回到起点重新来过。

尽管阿斯伯格综合征拥有与创造力、才华相同的基因，但是不代表患有阿斯伯格综合征的人更容易成为天才，人类历史上几千年不过出了一个爱因斯坦，阿斯伯格综合征中的天才也只是很小的一部分，大多数人表现出的“天才气质”是超强的机械记忆能力，如背诵字典、圆周率，但是他们并不能理解记忆内容的意义。

天才是上天赐予的，幸福的孩子则是后天慢慢培养的。任何一位父母都希望自己的孩子幸福快乐，阿斯伯格综合征儿童更需要态度开明、知识丰富且内心良善的父母。面对带着天才种子降生的宝贝，若是教育方法不当，天才的种子不会发芽，还会被千篇一律的教育标准抹杀掉，变成不合群的“问题儿童”，这是任何一位父母都不希望看到的悲剧。

童话幸福创造者——安徒生

“亲爱的玛丽，我得告诉你些事情，解释我为什么不写信给你。每次收到你的信，我总感到很焦虑。前不久，我去精神病救助中心，他们诊断出我患了新的阿斯伯格综合征。那是一种神经不稳定性疾病，我宁愿简称为：阿斯皮。”

这是电影《玛丽和马克斯》中，来自美国的马克斯写给玛丽的一封信。作为一个 44 岁的阿斯伯格综合征病人，马克斯是一个宅男，公寓是他生活的全部。住在国际大都市纽约，没有什么比这更糟糕的了。绵绵不绝的人流，纷扰的社会事件，发出隆隆巨响的现代化机器，阿斯伯格综合征让马克斯的感觉功能异乎寻常，这些被常人忽略的，感知为背景的感觉信号，对马克斯是不可忍受的精神折磨。

阿斯伯格综合征是一种代表广泛性发育障碍（Pervasive Developmental Disorder，简称 PDD）的疾病，PDD 一般分为五种：孤独性障碍（即通常意义上的孤独症）、Retts 综合征、童年瓦解性障碍、阿斯伯格综合征和未特定的 PDD。

感觉异常灵敏，神经纤细亦是阿斯伯格综合征的特征之一。他们的神经系统与常人不同，对常人来说再普通不过的味道、声音、触感，他们却能灵敏地接收到信号。比如，演唱会观众对舞台上的灯光效果习以为常，他们却可能陷入精神崩溃，体育场中嘈杂的人群、此起彼伏的欢呼声亦会令其暴怒发作。通常情况下，阿斯伯格综合征病人根本不会涉足这些地方。

孤独症谱系障碍与天才之间的关系始终吸引着人们的注意，一项针对 8 个天才儿童的研究显示，他们的特殊技能和自闭症谱系障碍有一定的联系。此外，对天才儿童的家族成员测试显示，他们的父辈、祖父辈家人曾被诊断为自闭症谱系障碍中的某种病症。

不过，天才和阿斯伯格综合征有明显的不同之处。拿天才来说，他们一定在某一方面或多个方面具有特别突出的能力，而其他能力和正常小孩一样，如果只是某一项能力特别突出，其他能力一塌糊涂，远低于同龄人平均水平，并不能算得上真正的天才。

阿斯伯格综合征表现出来的天才成分是突兀的，凌厉且令人难以想象的。比如，一个能“瞬间速写”的阿斯伯格综合征男孩，他在看一眼实物之后便可以用笔画出一模一样的速写，其写实程度可以媲美照相机。

可是，他在人际交往方面的障碍也是突兀的，他无法与同龄人正常交流，也没有交朋友的能力。表达个人意愿时，他总是词不达意，由于很少考虑别人，过度自我，没有小朋友愿意和他一起玩耍。“瞬间速写”只是阿斯伯格综合征表现出的一种能力而已，有的人数学记忆能力特别强，喜欢记路牌、记数字，有的人则有独特的音乐天赋，对音乐的节奏、韵律非常敏感。

有传记学家研究安徒生的生平，发现他有明显的阿斯伯格综合征倾向。这位为后人留下众多童话名篇的作家，其一生在自卑、孤独和抑郁情绪中徘徊，尽管他因童话名扬天下，却不可避免地陷入社交困境，多次恋爱失败的经历更让他终身未婚，孤独终老。

安徒生一生创作成果颇丰，除了创作一百多篇童话，他还写了 6 部长篇小说，7 部游记和 50 部戏剧。我们在童年时代读《海的女儿》《卖火柴的小女孩》，称他为“童话大王”，却从未真正了解过童话大王的内心世界。

安徒生出生于丹麦奥登塞，一个偏僻、闭塞的小镇，其祖父、父亲都有精神失常的经历，父亲在精神失常后郁郁离世，那年安徒生才 11 岁。由于家世卑微，生活困难，安徒生童年时期没有玩伴，孤独度日。

安徒生一生爱过多个女人，他的爱慕对象多是比他小十岁以上，且相貌、出身、教养都非常出色的女子，其中有物理学家的女儿、伯爵的女儿和歌唱家。可是，安徒生并未与这些女子发生合法或非法的浪漫关系。多次恋爱失败，他自己总结的原因有两个，一是相貌丑陋，二是生活贫困。在日记和书信中，安徒生多次写道，“由于我长得丑并且将永远贫穷，谁也不会愿意嫁给我”“如果我长得漂亮或者有钱，又有一小间像样的办公室，那我就会结婚成家”。

安徒生的确不是俊美胚子，同时代人对此达成了共识。一位英国文学评论家在见到安徒生之后，如此描述对他的第一印象：“那一瞬间，我好像被狠戳了一下，他那张古怪丑陋的脸和手，他那极长的令人眩晕的胳膊……”当然，这只是他的主观臆断，安徒生性格中根深蒂固的自卑感和他无法与人和睦相处的糟糕社交能力才是他一生孤独、困窘的根本原因。

成年之后，出身下层的自卑感从未离开过他，尽管因写作成名，逐渐富有，摆脱了少年时期的经济窘境，“童话作家”这个名号却不能为他带来荣誉——那个年代，创作童话并非一件体面的事。终其一生，安徒生都在强调他的诗歌、戏剧的价值，希望这两个领域的作品受到世人赏识。可惜历史总是吊诡，如今没有人记得他的诗歌和戏剧，不被重视的童话却让他流芳百世。

由于自卑，安徒生对名声和荣誉极其渴望。在成名之后，他广泛结交同时代的名人，如李斯特、门德尔松、瓦格纳、狄更斯，强烈渴望得到他人的赏识。不过，这些名人对他的印象不太好。由于擅自登门拜访，雨果认为安徒生的行为不够得体。在与狄更斯交好的那段时间，安徒生到狄更斯的乡间居所住了 5 个星期，引得狄更斯全家的反感，这段友情后来亦以断交告终。

轻微的阿斯伯格综合征病人能够正常运用语言，但是其使用语言的习惯和理解语言的能力与常人存在差异。简单来说，他们喜欢“咬文嚼字”，这么做不是因为他们学问高深，富有学究气息，而是他们关注语言的字面意思，对文字的理解比较单纯，任何弦外之音、微言大义、含沙射影，在他们的大脑里都不会留下痕迹。

更严重的情况表现在肢体语言上，表情、身体姿势、眼神等往往具有比语言、文字更丰富的含义，但是阿斯伯格综合征病人不会注意，也不会尝试理解，如此一来，我们很容易理解他们为什么会在人际交往中遭遇困境。用

一句话区分孤独症和阿斯伯格综合征，前者完全活在自己的世界里，后者生活在别人的世界中，以自己的方式。

阿斯伯格综合征表现较早，儿童在3岁以前，更早的在1岁以前就会表现出交流、语言、情感方面的障碍，在这个时间段，父母应当重视起来。如果家族病史中有阿斯伯格综合征的先例，更要提高警惕。如同孤独症，阿斯伯格综合征也是越早干预越好。

父母也要看到一个严峻的现实，在我们以“分数”为评价标准的教育体制下，阿斯伯格综合征儿童很难适应，对病症缺乏了解的父母、老师难以理解儿童在知识上的匮乏，在行为控制上的无能，粗暴地将其认定为学习困难，从而将儿童的成长完全推向了另一边。

现行的教育体制对儿童的个体化教育造成了诸多障碍，教育资源的短缺，教师、家长对儿童心理问题的认知缺乏，整个社会对儿童教育的片面导向，都可能使阿斯伯格综合征儿童在成长中遭遇困难。这时候，解决问题只有靠家长和教师的自觉意识。

为人父母，并非给予孩子衣食住行的温暖和安全就算尽职尽责了，关心孩子的心理健康、精神健康已然非常重要。在母亲定期服用叶酸防止胎儿骨骼畸形时，就应该有意识地关注婴幼儿、儿童的心理健康发展以及可能遭遇的问题，如果父母一方有家族病史，更应该多多关注和学习。很多时候，儿童心理发展障碍被忽视，错过最佳干预期，并非父母不爱他们的孩子，而是有限的个人能力、知识水平令其无法给予孩子最好的爱。

阿斯伯格综合征有一些特殊的表现，在进行最初筛查时，父母可以根据这些表现确定儿童是否已经患上了阿斯伯格综合征。阿斯伯格综合征儿童明显多动，因此他们常常被误诊为多动症，多动的同时，他们对自己感兴趣的事能集中注意力，如历史事件、火车时刻表；记忆力惊人，擅长背诗、记数字等机械记忆，但是整体成绩糟糕；孤独、情绪起伏较大，由于缺乏交流技巧，难免与同龄人起冲突，多次以失败告终的情感交流、信息交流，让他们只能和自己玩。

儿童入学之后，语言能力发展迅速，逐渐能够理解日常隐喻、笑话、具有讽刺意味的话等，阿斯伯格综合征儿童在这些方面表现不佳，他们智力正常，但对语言缺乏足够领悟能力，话语缺乏逻辑，常常语出惊人。成年之后，语言障碍一直伴随其生活，对“见人说人话，见鬼说鬼话”这种事，他们根本没有概念。

儿童行为刻板、固执、“脑筋不会急转弯”，显得头脑不够灵活；不能遵守课堂纪律，但是对自己认定的规则绝不违反。手眼协调能力、手指精细动作能力比较差。比如，他们宁愿口若悬河地演讲，却不愿意规规矩矩地写作业。

进入校园后，阿斯伯格综合征儿童在行为上、语言上会显得很奇怪，严重的会惹很多麻烦。但这些都是可以改变的，教育得法，阿斯伯格综合征儿童亦能像同龄人一样工作、生活。另外，父母最好不要盲目发展孩子的“天才能力”，孩子过分沉浸在由病症带来的“天才”中，往往会忽视其他能力的发展，失去作为一个人基本的生活能力。

专心致志的孤独者——米开朗琪罗

很多富有才华的人都有一些古怪的脾气和性格，若是不那么惹人讨厌，还能引来痴迷的崇拜者，粉丝把偶像的怪癖视为个人风格，视为艺术家品性。不过，如果一位绝世天才性情刚烈、脾气火爆，拒绝与人沟通，长时间活在自己的世界里，粉丝们也会伤心吧，以人的尺度来看，大家偏爱慈祥的、和善的、温柔的人，不是吗?

罗曼·罗兰的《巨人传》为三位伟人作传，托尔斯泰、贝多芬和米开朗琪罗，从这三个人身上，罗曼·罗兰看到了一些相同的特质。比如，他们都是世界级的艺术大师，为后人留下了广博而精彩的作品。又如，他们为了追求艺术而长期忍受困难，在与命运的抗争中表现出崇高的人类勇气。

米开朗琪罗出生于佛罗伦萨附近的小城卡普里斯，由于母亲体弱多病，无力照顾新生儿，遂将他交给一位石匠的妻子照顾。成长在盛产大理石的采石矿区，米开朗琪罗从小熟悉的事物就是山、采石场、雕刻工具和石刻技术。在那里，他对雕塑产生兴趣，并且学会用凿子、锤子来制作雕像。

6 岁时，母亲去世，再婚的父亲在他 10 岁时搬到佛罗伦萨，并要求米开朗琪罗接受正规的学校教育。父亲希望他学习拉丁文、希腊文，米开朗琪罗却坚持学画画，希望成为一名艺术家，即使遭受父亲鞭打也不放弃。父亲拗不过他，在他 13 岁时，父亲把他送到吉兰达约的作坊当学徒，他天资聪颖，学习效率高，学习绘画对他来说得心应手。不过很快，他发现自己更喜欢雕刻而不是绘画。

转入贝尔托尔多的画室后，米开朗琪罗正式接触雕塑，几天之内，他就完成了牧神头像的雕塑，不同于达·芬奇喜欢进行哲学思考，米开朗琪罗在作品中倾注全部热情。他的作品很快受到赏识，洛伦佐公爵对他的雕塑作品赞叹不已，资助他，将他接入宫中，由此，米开朗琪罗结识了一些学者、诗人和艺术家。

此后，他开始为富豪、巴黎主教和罗马教皇工作，如为罗马富豪雕刻的《酒神巴库斯》石雕像，为罗马圣彼得大教堂创作的大理石群雕像。从 26 岁开始，他致力于完成《大卫》雕像，用了 4 年，他终于雕出了优秀的男性人体雕像。

从 33 岁开始，米开朗琪罗开始为西斯廷礼拜堂顶壁绘制壁画，这是一项繁重的工作，且是在被强迫下接受的工作任务。教皇尤利乌斯二世要求米开朗琪罗为西斯廷教堂顶部作画，但他钟爱着大理石雕刻，在教皇的逼迫下，米开朗琪罗不情愿地签订了合同，以 500 枚达克特金币的价钱作画。那时他因为不能依照个人意愿创作，沉浸在悲愤的心情中，并没有将接下来的作品打造成生平杰作的打算。

在天顶作画，米开朗琪罗需要每天仰着头，站在高达 20 米的脚手架上持续数个小时，繁重的工作消耗了他的体力，从此，他的身体习惯了屈身的姿势，多年后依然不能舒展。在这项并不情愿的工作里，他同样倾注了全部的热情，可是，迸发的灵感常被一些鸡毛蒜皮的小事儿打断，如他要处理墙面发霉的问题，要面对不如意的颜料，要忍受有蜘蛛、老鼠陪伴的简陋生活环境。没有人知道米开朗琪罗是如何构思、如何工作的，因为他拒绝探视，连教皇也不可以。

4 年里，米开朗琪罗在五百多平方米的天顶上画了三百多个人，如此宏大的工程，米开朗琪罗只请了一些调颜料、干杂活的帮手，其余工作全部自已完成。因此，他的工期一拖再拖，教皇对此感到愤怒，他每次询问米开朗琪罗何时能完工，得到的答复总是“当我可以完工的时候”。为此，米开朗琪罗遭受了杖刑。一怒之下，米开朗琪罗离开了教堂，准备离开罗马，若非教皇示弱，派人去道歉，美术史上可能会失去一部杰作。

4 年下来，米开朗琪罗完成了他的作品，然而，他的身体亦受尽折磨，年仅 37 岁的他看起来却像一个 73 岁的老头。一个人是凭意志力，还是凭艺术精神才完成了如此庞大的创作工程呢？后人一直感到好奇，不过，研究米开朗琪罗性格、创作天赋和家族病史的专家们得出了结论，米开朗琪罗的专注得益于他的阿斯伯格综合征。在米开朗琪罗家族中，许多男性成员都如他一样，几乎不与外人打交道，没有朋友，活在自己的世界里。

米开朗琪罗从年轻时代起就是一个孤独者。在旁人看来，他性格古怪，疯疯癫癫，无法与人自在交谈，社交活动不会令他快乐，丰盛的晚宴也引不起他的兴趣，反而令他腻烦。

工作时，只要有一人在场，米开朗琪罗的情绪就会完全被扰乱，因而他没有朋友，他不愿意处理日常琐事，总是过着与世隔绝的生活。以此为代价，他方能得心应手地工作。创作时，米开朗琪罗处于完全忘我的状态，为了节省穿衣吃饭的时间，他和衣而睡，且常常半夜起床，一日三餐，他只吃面包，有时候，他把面包带在身边，饿的话，一边啃面包一边工作。

以阿斯伯格综合征分析米开朗琪罗的行为，以自我为中心是他最显著的性格特点。米开朗琪罗是一个冷漠而孤僻的人，他行为怪异，孤立于人群之外，从不轻易感动，他的内心世界只对崇高的艺术开放。他坚持自己的见解，鹤立鸡群，得不到认同和理解。他受到外界压迫，又不愿与人同流合污，内心痛苦自不需赘言。

米开朗琪罗不喜欢他人，也没有浪漫情史，活到 89 岁，终身未娶。有人猜测，他之所以离群索居、狂热地工作，放弃家庭生活，在孤独中奋战一生，是因为他的自卑情结。在《米开朗琪罗传》中，罗曼·罗兰如此描写米开朗琪罗的容貌：他中等身材，宽肩阔背，身体有些变形，走路时，昂着头，佝偻着背，腆着肚子，眼睛小但是很敏锐，鼻子又宽又直，嘴巴很薄，下嘴唇微微前伸……

不过，也有后人推断艺术大师是否中意男人。终其一生，米开朗琪罗对女人都不怎么感兴趣，他甚至不愿意在有女人的房间里停留太久，他还给一位贵族少年写过情诗。在雕塑作品中，米开朗琪罗不喜欢表现女性内容，他描绘的女性成熟、体态丰腴、胳膊粗壮、肌肉充满力量，如同男人一般。据说，他在雕刻女人时使用的是男性模特。

与 AS 谈恋爱——莫扎特与鲸鱼

现实中，我们是带着双重标准生活的。举个例子，有一位学者在谈及同性恋问题时，表达出他中立偏积极的态度，列举西方国家对同性恋合法权益的尊重以及他接触到的同性恋人群等，当被问道："如果您儿子出柜呢？""我宁愿自己出柜，也不要这种事发生在我的孩子身上。"

抛砖引玉，我们继续谈阿斯伯格综合征。当我们作为旁观者，看待问题总是很简单，评论起来云淡风轻，不乏一些慷慨激昂的表态，可是一旦事情找到自己门上，就是另外一回事儿了。阿斯伯格综合征有很多可爱之处，其中不乏具有极大创造力的天才，可是，他们也终生面临无法良好表达、社交困难等难题，这样的一个他，你会与他谈恋爱，甚至相伴一生吗？人们在想象某一经历时进行表态与亲身遭遇某一经历时是截然不同的，既然如此，不如让我们提前预习一下，与 AS 男或 AS 女谈恋爱，到底是一种什么样的感觉呢？

电影《莫扎特与鲸鱼》（*Mozart and the Whale*）讲述了一个爱情故事，两个患有阿斯伯格综合征的男女如何相爱相处的故事。电影讲的是两个人的爱情，其实更像一群阿斯伯格综合征患者的故事。他们很聪明，在智力上优于常人，可是他们也是孤独的人，热衷于某一感兴趣的领域，沉醉在自己的世界里，无法与世界联通，亦不能与别人正常交流。他们鸡同鸭讲，他们无法理解他人，但是他们一样渴望爱情。

一个阿斯伯格综合征患者与一个正常人相爱已然非常艰难，两个都不能

和他人正常交流的人，遇见了，相爱了，是否注定相互折磨呢？唐纳德（乔许·哈奈特饰）说话时不敢看人，情绪激动时，需要靠计算车牌号码才能平静下来，伊莎贝拉（莱阿·米歇尔饰）是一位歇斯底里的女人，到处与人吵架，在 14 岁被人强暴之后，她便随便带男人回家，私生活混乱。

在互助小组里，每一个人都不能良好沟通，但是他们充满爱意，在笨拙的碰撞中，他们向彼此传递了温情。他们渴望亲近，互相愉悦，像正常人一样相爱，实际上，他们能做到，在互相猜疑、争吵、后悔、不断失去自我，找回自我中花费精力，追寻内心渴望的东西。

他们有孩子气、出乎意料、令人惊奇的举动，这些是吸引人的特质。随着时间的推移，他们表现出来的行为往往令人大吃一惊。比如，在没有任何预兆的情况下情绪大变，或者干脆结束一段关系。就像是晴朗的午后阳光突然变成了凌厉的寒风，令人莫名其妙又措手不及。这种情况会动摇一个人的感情，许多人无法接受这样的爱人，不管他是否接受了阿斯伯格综合征的诊断。

如果你是一个无法承受孤独的人，最好不要爱上一位阿斯伯格综合征病人，不管他是英俊潇洒，还是俊俏迷人。他是一个特别的爱人，爱的多少、程度的深浅并不会激励他更富有深情地表达他的内心想法，他需要独处，即使你们待在一起，也不要期待来自对方的过分依赖或撒娇，这些都不是阿斯伯格综合征病人的长项。如果对方提出一个星期见两次面的要求，请你不要惊讶，他对独处的需求并不是针对你，也不是针对任何人，更不代表你们的关系出了问题。

阿斯伯格综合征的一大困难就是理解情感，自己的和他人的。如果你的爱人没有时间整理好自己的感情，理解自己的情感，又怎么会理解你的呢？和 AS 男或 AS 女谈恋爱，关于浪漫的想象就可以放一放了。他们并非缺乏激情，而是抵触在人前的亲密举动，公园长椅上的浪漫亲吻，闹市街头的甜蜜相拥，甚至礼貌性地接触，他们都不喜欢，更不会主动去做。其原因还要归结于这类人过分敏感的身体感觉。他们对眼神接触、牵手、身体接触的感受要比普通人强烈，一个“男友”或“女友”的称呼就会令其浑身冒汗，逼迫其说出“我爱你”这三个字，恐怕比遏制呼吸还要困难。当然，也有另外一些奇特的想法，如有人认为牵手、拥抱、接吻没有意义。

对普通人来说，这是非常难过的一关。亲密关系中的肢体接触比语言更能表达心意，也是确保内心安全感的重要指标。在恋爱中，在婚姻关系中，接收不到来自对方的感情信号，任何人都会产生挫败感。这时候，爱人、配偶除了降低内心预期，抛开浪漫爱情的想象，还可以以循序渐进的方式让他做一些妥协。比如，在没有人的马路上偷偷亲吻一下，像玩游戏一样尝试牵手、拥抱。

论表达爱的方式，他们喜欢用行动，而非语言。面对爱人时，女人喜欢听到“我爱你”这三个字，但是不要期待从AS男友那里听到这三个字。不过，他们会用许多不经意的方式表达爱，当你回顾交往过程时，会发现他的爱一直存在，并且以静静围绕、免于打扰的方式存在着。

鉴于个体差异，阿斯伯格综合征病人的语言表达能力不同，但是沟通障碍始终存在，并且会影响恋爱、婚姻的质量。AS男和AS女都无法讨论自己的内心情感，当你问他此刻感受如何时，他们的大脑程序会混乱——从来没处理过这些请求。他们很努力地克服这一点，对此很敏感，因而挫败和混乱让他闷闷不乐，且回避情感问题，情况严重的话，他们会将有关自省的提问看作批评或指责。

如果婚后才发现配偶患有阿斯伯格综合征，面临的压力似乎更大一些。大多数阿斯伯格综合征研究者不建议病人及其配偶接受常规的心理咨询，有时候，心理咨询可能把事情变得更糟。心理咨询师调节婚姻问题，不外乎让双方换位思考，了解对方的感受，但是阿斯伯格综合征病人并不具备这样的能力。他们没办法谈自己的感受，更没办法每天定时地向心理咨询师报告这些内容，如此一来，心理咨询本身变成了另外一个压力源。

在阿斯伯格综合征患者面前，委婉地暗示不如直白地表达，“我有点难过，拥抱我好吗？”要好过任何眼神、语气的暗示——不要指望阿斯伯格综合征病人能读懂那些暗示。对配偶来说，改变对方是不可能的，只能接受现实。阿斯伯格综合征病人在许多方面缺乏能力，承认爱人的不足，接受对方的一切，同时调整自己的心理预期。

如此看来，阿斯伯格综合征是不是阻止众多男男女女寻找幸福呢？AS 男和 AS 女都要注定孤独一生了吗？现实中的交往尽管困难，他们在约会网站上找到了乐园。在不需要费尽心机与人套近乎的前提下，阿斯伯格综合征患者只需要填写自己的择偶条件，根据条件，便有可能找到合适的对象。由于 AS 的限制，不少人从事低于个人能力的工作，但也有人获得了一份不错的职业，其中包括工程师、医生、律师。在网络上的接触，他们会选择发送电子邮件、即时消息的方式与对方交流，这种交流方式大大降低了他们的神经负担。

第六章

巨人的卑微
——焦虑障碍

被身份焦虑牵系——卡夫卡

焦虑障碍，一种以焦虑情绪为主的常见神经症，因此又称为焦虑性神经症。焦虑障碍很广泛，包括广泛性焦虑（慢性焦虑）和惊恐障碍（急性焦虑）。此外，创伤后应激障碍、急性应激障碍、强迫障碍也属于焦虑障碍的范围。焦虑障碍的亚型各自有独特的症状表现，大体统一的症状是紧张担心、坐立不安，出现植物神经症状，如心悸、手抖、出汗、尿频等。焦虑障碍的病因尚不明确，目前的研究显示其与遗传、认知、个性特点、负性生活事件、躯体疾病等有关。

广泛性焦虑是持续的、弥漫性的焦虑障碍。病人对现实生活过分担忧，如担心自己生病，担心亲人发生意外，担心单位破产，这种紧张不安、忧虑烦恼与现实并不相称，可是病人无法摆脱焦虑的状态，难以忍受，不得解脱。由于身心交互反应，病人会出现自主神经功能亢进，运动性紧张和过分警惕，还会发生生理指标的改变。

病人整日处在焦虑不安的状态中，如热锅上的蚂蚁，忧心忡忡，坐立不安，对周围环境里的点滴变化过分敏感。由于病人的焦虑并非来自具体对象或事物，故找不到现实性的解决办法。病人本身对心烦意乱、坐立不安的自己有所察觉，但是难以集中精力，用自我调节的方式重新回到生活正轨上来，长此以往，病人失去生活兴趣，影响工作和学习。

运动性不安表现为来回走动、不能久坐、搓手顿足，如同马上就要迎接危险来临。眼睑、面部肌肉和手指出现震颤、眉头紧锁、全身肌肉紧张、抽动，严重时感到疼痛。病人时刻枕戈待旦，准备对危险做出反应，过度消耗精力和肌肉力量，使得身体疲惫，手脚疲乏无力，全身酸软。

躯体表现出现在消化系统、呼吸系统、心血管系统、神经系统、自主神经系统和泌尿系统等，可谓全身性的症状。病人感到口干、吞咽困难、胃部不适、腹痛腹泻，食管内有异物感；呼吸困难，有窒息感，过度呼吸，胸部压迫感强烈；神经系统的震颤、刺痛、耳鸣、眩晕对人的心理影响更大一些；自

主神经系统紊乱，病人兴奋多汗、面部发红或苍白。严重时，伴有抑郁、强迫思维和人格解体等症状。

现代社会，每个人都带着焦虑障碍生活着。身体不适、嗓子紧、头痛、头晕、情绪焦躁、坐立不安，似乎是许多人的生活常态。我们的生存压力越来越大，工作、结婚、生活，处理家庭事务、照顾小孩、应对经济纠纷……持续不断的危机感让人无法与焦虑说再见。人在面对压力时，一时的焦虑是正常的，它向着某一个明确的目标，目的达成之后，焦虑自然而然地缓解。

可是，如果有人整日活在恐惧当中，时刻感受着忽远忽近的恐惧感，精神苦闷、肌肉紧张、从来没有享受过一丝喜悦，反而充满了惶恐和焦虑，那他的生活将变成何种样子呢？在19世纪末期，生活在布拉格的一位小职员便过着这般生活。他白天作为一名卑微的职员领取薪水，夜晚作为一位文学狂热爱好者笔耕不辍，他与家人不和，遭受同族人的嘲讽，以反复毁掉婚约的方式伤害深爱他的女子……这是一个书写人间惨剧的人，也是一个活在惨剧中的主人公，他便是捷克小说家弗兰兹·卡夫卡。

如今，卡夫卡已经成为布拉格最有名的犹太人。穿行于布拉格的大街小巷，卡夫卡的名字时不时地出现在咖啡馆的招牌上、文化T恤衫上、明信片上以及旅行社的导游词中。终其一生，卡夫卡从未摆脱焦虑障碍，困扰他的焦虑症不仅是心理上的，还有文化上的、民族上的，他为自己的犹太人身份感到焦虑，为缺乏勇气反抗父亲而焦虑，也为不停地写作却得不到认可而焦虑。

从出生开始，卡夫卡的身份认同就陷入了困境。他出生于奥匈帝国统治下的捷克，犹太人，母语是德语，他的生活圈子仅限于生活在捷克、讲德语的犹太人圈子。他所讲的德语不同于德国、奥地利和瑞士的德语，仅仅是一个小圈子的德语。如此说来，他不是捷克人，也不是德国人，更不是奥地利人。他是奥地利籍的布拉格人，作为意大利保险公司里的小职员，他是外籍人士。

关于卡夫卡是哪国人的讨论从来没有停止过。捷克人不把卡夫卡当作自己的同胞，奥地利人和德国人却积极认亲，还有人称他为“奥匈帝国统治时期的捷克作家”，不过，卡夫卡属于布拉格是毋庸置疑的。他出生在布拉格，死在布拉格，一辈子从来没有离开过这座城市。

卡夫卡的父亲以售卖文具为生，是一个粗暴专制的大家长，卡夫卡敏感脆弱的小心灵一辈子被性情强悍的父亲摧残着，以至于他一辈子活在父亲的阴影下。他作为保险公司的小职员生活在布拉格的街道、楼房之间，因惧怕婚姻而三次订婚、三次悔婚，藏匿在房间里，终其一生找不到自己的身份，卡夫卡如同他笔下的格里高尔、K 一样，巴尔扎克豪言壮语道：“我可以粉碎一切障碍！”卡夫卡却说：“一切障碍粉碎了我！”

作为一个犹太人，卡夫卡第一个身份——民族身份是犹太人，这也是一个令他感到焦虑的身份符号。他如任何一位犹太人那样，渴望找到家园，他一生没有离开过布拉格，也没有体验过漂泊的滋味，但是他的心灵带着古老的犹太民族历史，过着被放逐的日子。

在精神上，他并没有把出生地当作故乡，而在向往遥远的巴勒斯坦。正因如此，他只把德语当作日常生活所需的工具，他对德语没有感情，相反，他热爱希伯来语，对犹太人的历史有着强烈的兴趣。悲剧的是，他抄写犹太文学作品也好，学习希伯来语也好，最终都是徒劳无功的，这些对身份认同的追求除了让他与周围环境更加格格不入之外，没有为他带来任何好处。

更强烈的焦虑来自卡夫卡的家庭。强大的、粗暴的、专制的父亲对他的人生影响巨大——不一定是正面的作用。父亲越强大，他就越自卑；父亲拥有越多的权威，卡夫卡的家庭地位就越卑微。卡夫卡在《致父亲的信》中“声讨”了父亲的所有“罪行”，然而，他并没有勇气把这封信发出去。

在家庭生活中，卡夫卡以一人之力对抗以父亲为首的大家庭。作为家中长子，卡夫卡却是最受冷落的一个，妹妹们“叽叽喳喳”地玩耍，他却和每个人都非常陌生。他和母亲话语不多，和父亲只有表面的寒暄，妹妹、妹夫只和他生气，从不和他说话。如此孤独、隔绝的存在，使得卡夫卡的漂泊感又加深了一层，他有家、有家人，在心灵上却是一个无家可归的流浪汉。这或许可以解释他为何会三番五次地尝试进入婚姻又反悔，他对婚姻、家庭的认知是冷漠的、无情的，婚姻对于他是负担，家庭之于他是痛苦。

生前，卡夫卡从未以“作家”身份见人，他的社会身份是保险公司的职员。这份职业只是他写作的前提条件，因此他不爱，也不享受。在办公室里，他履行着工作义务，却不能满足内心渴望，这种分裂的状态让他在工作时异常焦虑。如果父亲肯为他提供生活费用，他会毫不犹豫地放弃无聊且乏味的工作，可是他不能。在如生命般热爱的写作与不得不忍受的烦琐工作之间，卡夫卡被割裂开来，在现实中，他是布拉格城中一位地位不高、收入不高的小职员；在精神领域，他视写作如生命，写作是他生存的状态和目的。

慢性焦虑症——达尔文

维多利亚时代许多杰出的科学家遭受焦虑症困扰，这些人智力发育良好，思维敏捷，具有顽强的意志力，但却不得不承受一系列心理疾病的折磨，痛苦不堪。在达尔文写下的“健康日记”中，满纸都是他关于疾病、疼痛的抱怨，包括习惯性的疲倦、眩晕、剧烈的胃痛和胀气、经常性呕吐、发抖，失眠、起疹子、心悸、绞痛、忧虑……几十年里，达尔文与这些折磨身体的小恶魔形影相伴。

达尔文的怪癖不比任何一位伟人少。他每天按照严苛到机械的作息时间生活。结婚时，他为结婚与否列出了各种好处和坏处，长期处于担忧和紧张带来的挫败感中……达尔文去世之后，无数人研究过困扰其一生的疾病到底是什么。这些疾病中包含变形虫感染、盲肠炎、十二指肠溃疡、消化道溃疡、偏头痛、慢性胆囊炎、“隐形肝炎”、疟疾等关键词。不过，也有人发现，达尔文的行为与疾病可能来自心理上的困扰，即慢性焦虑症——对控制力的无尽渴求。

研究者翻阅了达尔文卷帙浩繁的日记和信件，发现了顽固焦虑症的痕迹。在“贝格尔号”上卧床不起，终生无法摆脱疾病困扰，和他的焦虑症有很大关系。晚年的达尔文对人类情感那么感兴趣，他研究人类情感的普遍性，用脸部表情照片进行研究。在《一个婴儿的白描》一文中，达尔文对长子威廉进行了观察，在威廉出生后3年里，达尔文记录他的各项发育，包括眼睛追逐蜡烛的能力、第一次有意识动作等。焦虑症是他如此作为的一个重要原因。

1809 年，查尔斯·达尔文出生于英国萧布夏郡舒兹伯利的一个富裕家庭，是家中的第五个孩子。父亲是一名医生，母亲则是一位金融家。8 岁时，达尔文的母亲去世，他从一所日间学校转入舒兹伯利学校，过起了寄宿生活。读书期间，达尔文并不是好学生，16 岁之前，达尔文把大多数校园时光花费在了课堂之外，喜欢收集贝壳、甲虫、矿石和硬币。为在化学实验室工作的哥哥跑腿的机会让达尔文对实验研究产生兴趣。此外，打猎、观察海鸟、研究小动物都激起了达尔文的好奇心。

作为学生，达尔文再普通不过，甚至毫无过人之处，父亲认为，达尔文懒惰，只喜欢射击、养狗和捉老鼠。进入爱丁堡大学之后，达尔文把大量时间花费在采集活动上，无麻醉手术的场面对达尔文产生了强烈的心理冲击。后来，胃部不适让达尔文不得不离开医学院。

眼看儿子从医学院退学，达尔文的父亲愤怒不止，他认为这个儿子不争气，不学无术，将来肯定会给他自己丢脸，也会使达尔文家族丢脸。在父亲的建议下，达尔文进入剑桥大学学习神学。达尔文家族，其祖父、父亲以及父亲的兄弟们倾向于自由思想家，在此背景下，达尔文虽然信奉基督教，一度修读神学，成为牧师，最终他选择了背弃宗教，以自然科学的方法解释自然界的奥妙。

起初，达尔文试图用宗教的方法解释自然界的一切。女儿安妮去世后，达尔文对宗教的信仰开始动摇，倾向怀疑主义，他已经不在星期日时到教堂做礼拜，与对神的信仰相比，他开始相信自然法则。在自传中，达尔文对福音书的真伪存疑，而且，他没有找到证据证明基督教是神的教义。

在剑桥大学的求学之旅与爱丁堡的学医经历一样，未能引起达尔文的丝毫兴趣。他喝酒、赌牌，其余时间继续收集昆虫，神学课程的考试他只能勉强通过，好在他最终顺利毕业了。离开学校，达尔文四处游历，考察地质，这期间，他收到了“贝格尔号”的邀请，可以随船考察，达尔文犹豫再三，最终接受了费兹罗伊船长的面试。在达尔文的自传中，他认为父亲的粗暴性格险些断送他的前程，幸好有母亲和舅舅的支持。

跟随“贝格尔号”，达尔文到了南美、澳大利亚和非洲等地，每到一处，他必定亲自上岸考察动植物，采集标本。历经 5 年的环球之旅，达尔文得以见识世界各地奇奇怪怪的生物，“贝格尔号”停留在加拉帕戈斯群岛期间，达尔文发现了一个生命伊甸园，在火山熔岩占据地表的岛屿上，他的收集癖获得了空前的满足。回国后，达尔文先以地质学家的身份崭露头角，其间，一部《贝格尔号航海之旅》还让他成了畅销书作家。

达尔文对大自然、小动物的好奇心多过爱心，在剑桥大学期间，他和同学经常品尝鹰肉、麻鸦肉和猫头鹰肉，他还曾对一条狗挥起拳头。海外航行期间，他更是吃遍了美洲鸵肉、鬣蜥肉、巨龟肉、犰狳肉和刺豚鼠肉。“贝格尔号”的旅行结束后，达尔文写下了大量的笔记、日记，收集到一千多种保存在酒精里的标本和三千多个干标本。

婚后，达尔文移居郊外，离开雾都伦敦，他的健康并没有好转。在意志力的坚持下，达尔文每天只能工作两三个小时，好在宁静的乡村生活与达尔文平和温纯的性格相符合。住在乡下，达尔文每天足不出户，除了工作，他就在呕吐或卧床状态。

达尔文最早遭遇慢性呕吐病、腹痛和肠胃病的折磨。年轻时，达尔文身体状况还好，从 22 岁出门远行，5 年后回国，他的身体状况开始发生变化，表现为腹痛、反胃和呕吐，情况严重时，每次吃完饭他都会呕吐。从 30 岁开始，抽搐、作呕、痛哭、幻觉等症状一直伴随着达尔文，疾病纠缠着他，直到 40 年后他卧床不起。病情严重时，达尔文需要在床上躺好几个月，在此期间，他接受传统方法治疗，也尝试过一些偏方，但是对他的病情没有太多帮助。

除了焦虑症，达尔文另一个严重的心理问题便是“拖延症”。他拖延自己的工作，还故意回避公众对他的理论进行哲学解读。如此拖延工作，一方面因为他永远对现成的手稿不满意，基于一丝不苟的研究精神，他总是在收集和研究证据。另一方面，他比任何人都清楚，人们——他的读者需要时间来接受“猴子是人类的祖先”这一爆炸式的结论，他将承受来自多方面的批评，其中不乏他的同事和朋友。二十多年后，达尔文的担忧成真了，他的作品出版后一边大受欢迎，一边被宗教人士批评，人们对自身和世界的认识从此刻开始割裂，而无法接受的恐惧心理和神圣教义遭受挑战的受辱心理全部转化为谩骂和诅咒，一起朝达尔文身上倾泻。当然，攻击是不会影响真理的存在的。

达尔文对心理学的发展和神经科学的发展做出了巨大贡献，尽管他自己全然不知。大部分人并不把达尔文看作心理学家，想必他自己也不会愿意承认，他一生回避对宗教问题表态，将自己的工作限定在自然科学范围内，如果可以的话，他会以自己是一位科学家而骄傲吧。不过，他所做的工作带来了一个新领域的革命。他的进化概念彻底改变了人类对动物和自身的认知，进化心理学家们则把猩猩、狒狒等动物的行为与人的行为联系在一起，进化和心理形成了互相影响的关系。

关于性别差异，进化心理学家从进化论的角度进行了解释。为什么女性选择比自己年长且能提供经济保障的男性，男性则希望寻求一个年轻、漂亮的女性？为了物种延续，种族成员会选择能够成功繁衍后代、成功抚养孩子的配偶，于是，女性寻找能为她和她的孩子提供良好供养条件的男性，男性则挑选具有明显第二性征的女性作为配偶，生殖力成为择偶标准。

达尔文是一位生物学家，研究了一辈子自然规律，以“进化论”解释人类的发展，达尔文得出“自然厌恶近亲”的结论，可是为时已晚，他的个人婚姻并不符合科学规律，他本人正是近亲婚配的受害者。达尔文的妻子，也是他舅舅的女儿埃玛·韦吉伍德，近亲结婚，亲上加亲，可是悲剧接踵而至。与表姐的相处并非不愉快，子女带给他的烦恼让他对自己的婚姻感到羞耻。

婚后，达尔文和妻子生下 10 个孩子，其中 3 个夭折，大女儿安妮曾是达尔文的掌上明珠，却在 10 岁生日过后死去，达尔文伤心不已。活下来的孩子们却被精神病、不孕不育所折磨，四儿子伦纳德先后娶过两个妻子，最终未能给达尔文家留下子嗣。如今，遗传学的普及让人们很容易理解亲近婚配的危害。达尔文家族和韦吉伍德家族世世代代多子多孙，但是达尔文这一代尝到了基因过度重叠的苦果。

近亲成员的遗传基因具有更多的相同、相似序列，基因的重叠增加了遗传病的概率。遗传病包括由基因突变引起的遗传病，如红绿色盲、多指或多趾、先天性聋哑、苯丙酮尿症、白化病等，这类疾病非常多，已知的超过了两千种。此外，染色体突变也会发生遗传病，如先天愚型。

被害妄想症——哥德尔

提到库尔特·哥德尔，很多人不知道他是何方神圣，如果说他是爱因斯坦的“好基友”，一定会瞬间对他生出好奇心吧。哥德尔是一位数学家、逻辑学家和哲学家，是爱因斯坦在普林斯顿时期最好的朋友，也是科学界唯一能与爱因斯坦相提并论的人。

与爱因斯坦相识时，哥德尔 27 岁，爱因斯坦恰好年长他一倍，两人建立了一段传为佳话的忘年交。哥德尔是凭借何种能力获得爱因斯坦友谊的呢？自然是因为他在数学界的独特建树——大咖的朋友自然也是大咖了。“哥德尔不完备性定理”，这是一条在数理逻辑中占有极其重要地位的定理，是一条动摇了数学领域基础的定理。

19 世纪，人们认为数学可以用来描述整个世界，证明整个世界，严格的逻辑能够证明一切假设，但是“哥德尔不完备性定理”把它推翻了，数学没办法描述一切，也就是说，数学的功能是有限的。基于此，“哥德尔不完备性定理”的影响超出了数学范围，对数学、逻辑学产生了重大的影响，对哲学、语言学和计算机科学、宇宙学也产生了重要的影响。

哥德尔于 1906 年出生于奥匈帝国摩拉维亚州首府布尔诺，从小开始，哥德尔就表现得性格内向，他不喜欢与人交流，喜欢将自己放入封闭而抽象的数学世界。18 岁时，哥德尔进入维也纳大学，学习数学、哲学和理论物理。

年轻时，哥德尔不失为一个帅小伙，高挑挺拔的身材、浓密的头发、湛蓝的眼睛，使得他在校园里颇受欢迎。女同学与他讨论问题，实际上是为了与他接近。哥德尔意气风发，他追求异性，大胆表白自己的感情，当然，他更大的野心在于数学公理系统。

23 岁，哥德尔写出论文《逻辑谓语动词之演算公理的完备性》，获得了数学博士学位。这篇论文颠覆了以往人们对数学的认识，几乎所有数学家都试图证明哥德尔的错误，结果白忙了一场，人们越深入研究，越证明哥德尔论证得缜密。哥德尔的理论对数学观念的改变有多大呢？实际上，和爱因斯坦对物理学的改变差不多，这样听起来是不是很牛气？

哥德尔并非犹太人，但是其生活圈子和犹太人有着密切关系，他的行为方式也受到了希伯来文化的影响。1939 年，纳粹解雇了所有在高校任教的讲师，哥德尔失业了，没过多久，他又接到了服兵役体检通知，由此，哥德尔决定离开奥地利。经过近一年的舟车劳顿，哥德尔最终来到了美国，在普林斯顿高等研究院落脚。在美国的前 10 年，哥德尔的社交圈子依然由犹太人构成。

哥德尔身体不好，非常虚弱，中年之后，他的身体更加虚弱了，还患上了严重的被害妄想症，时刻需要妻子阿黛尔的照顾。阿黛尔既要当厨师，照顾他的生活，还要替他试吃，终日劳顿，阿黛尔生病住院了。其间，哥德尔变得更加节制食物，他的身体日益虚弱、消瘦、衰老，精神上表现得偏执、僵化和妄想，由于前列腺肥大和小便困难，哥德尔也住进了医院。由于对医生的观点保持怀疑和偏执，他拒绝进食，他认为食物被医生下了毒，最终，他成功地把自己饿死了。

被害妄想是妄想症中的一种，也是精神疾病的征兆。病人在恐惧状态下胡乱推断，对不存在、未发生的事情坚信不疑，偏执地相信自己正受到迫害或即将受到迫害，或者正被人议论、诬陷、暗算。由于精神上的恐惧，他们往往变得谨慎小心，处处防备，对身边人存有敌意，且往往有自杀的企图。

有时伴有幻觉，但是没有明显的精神症状。妄想的内容与个人经历、社会背景和文化有关系：古时候，人们妄想的内容与宗教、神力、鬼怪有关系；进入现代社会，妄想则与窃听、激光、电子科技相关。

哥德尔的被害妄想症已经跟随他很多年，最早可以追溯到 6 岁。从那时起，他就有严重的疑心病。6 岁那年，他因为风湿性疼痛而发高烧，从此之后，他特别注意保暖和食物营养，生怕感冒而引起心脏病，一命呜呼，其结果就是，哥德尔在炎热的天气里还穿着羊毛内衣和厚胶鞋。

28 岁时，哥德尔精神崩溃过一次，不得不多次到郊外疗养。病因是哥德尔爱上了一名舞女，并且执意要与她结婚，这件事遭到了他父母的强烈反对，哥德尔沮丧又抑郁，痛苦了好一阵子。实际上，哥德尔在 21 岁时便与这位名叫阿黛尔的女士相爱了，她是一位夜总会舞女，没有什么文化，且有过婚史，最终，他们的爱情顶住了长辈们的反对，阿黛尔成了哥德尔太太。到了美国，阿黛尔对外声称是跳芭蕾舞的，实际上大家心知肚明，哥德尔的朋友认为她说话尖酸刻薄，暴躁粗鲁，但是哥德尔和她感情非常好。

哥德尔向来是一个谨慎的人，对自己的行为极具控制力，哗众取宠的事情他绝对不会做，相反，他尽一切可能避免引起争论。他不仅在为人方面小心翼翼，连发表论文都小心设计，他删减大量内容，直到所有细节都达到完美，不容怀疑。私生活上，他不喜欢跟人直接沟通，也不喜欢与人发生身体接触，相反，他喜欢打电话，他甚至半夜时分打电话给朋友。

不做研究时，爱因斯坦尚能像个正常人一样，出席晚宴，接待来访者（尽管他时常只穿一件睡衣，里面一丝不挂）。相比之下，哥德尔却有着偏执的想法，即使在生活中，他依然带着搞数学逻辑的大脑，有点死脑筋的感觉。

举个例子，哥德尔在申请加入美国国籍时，需要参加一次面试，为此，他特意去研究美国宪法，从宪法条文中，他发现了美国有可能变成独裁国家的线索，并且尝试推理。为了让他不在面试官面前讨论美国宪法中的逻辑问题，爱因斯坦一路上给他讲笑话，分散他的注意力，结果还是被他钻了牛角尖，面试时，哥德尔义正词严地与面试官辩论起来。

哥德尔的偏执、极端和古怪并非来自他的精神障碍，而是因为他太过理性。较真、渴望 100% 的确定，试图以纯粹的知识建立起来的理性理解世界，所以他不能接受不确定、不完善和系统性的漏洞。不过，哥德尔也有一些非理性的时刻。比如，他对爱因斯坦不感兴趣的迪斯尼动画片情有独钟。他不喜欢古典音乐和现代戏剧，特别是现代主义的抽象主义，但他偏爱童话故事，尤其是迪斯尼出品的动画。尽管他头脑里满是严密的逻辑思维，但不妨碍他被《白雪公主》里纯洁善良的小矮人逗笑。

才女与疯子——卡米耶

卡米耶·克洛岱尔，在她去世后的三十多年里，她的名声不及兼任外交官与作家的弟弟保罗·克洛岱尔，更不及她的情人雕塑家罗丹。生前，卡米耶为能被艺术界接受，独自承受了创作的寂寞、情爱的折磨与疯魔的痛苦。死后，人们渐渐发现这位奇女子的艺术天分，在“罗丹的情人”之外，人们看到了她作为一位创作者的独立性与创造力，并为她冠上“天才艺术家”的称号。

不过，开始了解卡米耶的人，谁都没法绕过“罗丹”这个名字。在卡米耶的杰作《成年》中，我们可以看到卡米耶对罗丹的感情注解。《成年》有两个版本，1894 年的石膏版本与 1902 年的青铜版本在细节上略有差别，但是不妨碍我们从中窥到卡米耶的感情流露。青铜版本中，一位美丽骄傲的姑娘一丝不挂地跪在地上，拉着情人的一只手，苦苦哀求着，尽管如此，情人却毅然转身，一个留恋的眼神都没有留下。在爱情面前，这位傲气十足的姑娘输得一塌糊涂。

传记片《卡米耶·克洛岱尔》给出了另外一个特别的解释。剧中的卡米耶说：“那不是你，你想错了。你是雕塑家，罗丹，不是一尊雕塑，你应该知道才对。那个骨瘦如柴的老妇是我；那个跪着的找不回青春的少女是我；而那男人，也是我，不是你。我把所有的坚韧给了他，他将他的空虚给我作为交换，就这样，一共有三个我，圣三位一体，空虚的三位一体。”

不管如何解释，那个姑娘娘不正是卡米耶的自我投射吗？她在 19 岁爱上了年长自己十多岁的罗丹，她的爱情为这位雕塑大师带来了新的灵感，他的爱情也激发了她的天才能力，可是，这份感情注定是千疮百孔的，忍受侮辱，受尽心灵的折磨后，卡米耶疯了。她患上了被害妄想症，将罗丹看作打压自己、迫害自己的强大敌人，而她的后半生，再与艺术创造无缘，30 年的精神病院生活，她从一位天才少女变成了可怜可悲的疯女人，自此销声匿迹。世人在过了几十年之后，才重新发现她的美貌与才华，给了一个迟来的艺术名声。

卡米耶出生在一名税务官之家，自幼年起，她就展露出艺术天分。12 岁那年，卡米耶完成了人生中第一件雕塑，后来，疼爱女儿的父亲把她送到了巴黎，开始学习雕塑。18 岁那年，卡米耶进入罗丹工作室，成为他的学生和助手。此后，她的身份逐渐增多，她是罗丹的模特、罗丹的缪斯，亦是他的合作者、他的情人。

卡米耶参与过罗丹著名的作品如《加莱义民》《地狱之门》，群像的手脚部分亦有卡米耶的功劳，在两人的热恋时期，罗丹还创作了《吻》和《永恒的偶像》等雕塑。再炽热的恋情总会遭遇残酷的现实，激情过后，他们的爱情进入了压抑的、令人窒息的阶段。卡米耶想要成为罗丹的妻子，罗丹则不愿意离开已与他相伴 20 年并与他育有一子的情妇罗斯伯雷。其间，卡米耶数次怀孕，在最后一次堕胎后，两人的关系转淡，直到 1898 年两人彻底决裂。卡米耶与罗丹的关系成为公开的丑闻，从未支持过卡米耶投身艺术的母亲既感到家门受辱，又为她焦虑不安。

从 18 岁的清纯少女到过了而立之年的成熟女性，卡米耶与罗丹纠缠了 15 年之久，15 年里，卡米耶逐渐生出成为一名独立雕塑家的愿望，她强烈渴望摆脱罗丹的盛名阴影。卡米耶的早期作品不可避免地受到了罗丹的影响，在精神气质上和罗丹的作品特别相似，不过，在后期的雕塑中，如青铜玛瑙作品《波浪》、青铜作品《华尔兹》《成年》等，卡米耶已然找到了自己的风格，与她以往的罗丹式作品划清了界限。

离开罗丹，卡米耶亦没有回到父母家里，而是租了一个工作室，开始独立创作。在封闭的状态下，卡米耶没日没夜地创作，她的生活没了爱情，只剩下雕塑。然而，离群索居的生活伤害了她的社会功能，她不懂得与人交流，不知道如何卖掉作品，甚至不会打理自己的日常生活。

她的房间里只有陶土和大理石，然而这一切并不能让人饱腹。生活困窘、孤苦无依，卡米耶遭遇了所有天才在现实面前遭遇的困境。这时，她变得神经敏感、极度固执，她那不可驯服的本性不仅开始嘲笑弟弟保罗，还开始怀疑罗丹对她的帮助。罗丹托人购买她的雕塑作品，被她当成罗丹妄图剽窃她的创意，试图复制她的作品，曾经的爱人，如今成了骗子、掠夺者和迫害者。

那时候，被害妄想症、抑郁症、精神分裂症都找上了她，在旁观者眼中，这个女人疯了。她毁掉自己的作品，怒骂罗丹，声称自己受到了迫害。1913年，家人将卡米耶送到了巴黎的维耶艾弗精神病院。此前，一直给予她经济援助的父亲去世，卡米耶却没有得到通知。10 年来，卡米耶一直单独生活，过着与世隔绝的日子，她在波旁桥的工作室里工作，同时忍受被害妄想症的痛苦。长达 10 年的时间里，她创作雕塑作品，然后毁掉它们，在痛苦与抑郁中，卡米耶把罗丹当成了终极对手，她时刻怀疑罗丹正在密谋杀害她，或者把她的雕塑据为己有，而毁掉雕塑作品，是她保护它们不被剽窃的唯一方法。

卡米耶住进精神病院，表面上看来出于卡米耶的自愿，可她的入院证明上写的却是主治医生和保罗的名字。卡米耶并非时刻处在疯狂状态，当她创作时，头脑是清醒的，医生也注意到这一点，并劝说她的家人，让她尽量接触家庭生活，这一建议被视她为耻辱的家人忽略了。

第二年，由于“一战”爆发，卡米耶被转移到法国南部的蒙德维尔格精神病院，在那里，卡米耶住了 30 年，直到 1943 年去世。在精神病院里，卡米耶不再创作雕塑，她甚至被禁言了——在母亲的要求下，她只能与弟弟通信。在那里，没有人知道她的天才，也没有人关注她的爱情，她只是众多疯女人中的一个。尽管她一再请求家人让她离开蒙德维尔格，或者把她接到离家近一些的精神病院，但是她的请求没有得到回应。为此，新闻界一度指责她的家人对这位雕塑天才实行人身禁锢。

在卡米耶的家里，支持她的职业选择、对她倍加宠爱的父亲已经去世，冷漠的母亲因她的丑闻感到丢脸，剩下的便是一个存在感几近透明的姐姐和与卡米耶关系亲密的弟弟。不过，这些人对卡米耶的关心远不及她的期待。

蒙德维尔格的主治医生提出过让她转移到巴黎的医院，那样有利于卡米耶的恢复，不过，母亲以“她有各种恶习，我不想见她，她对我们伤害太多”为由拒绝了医生的提议。

和母亲、姐姐相比，保罗算是最有人情味的了，尽管他在 30 年里只看望过卡米耶 7 次。在保罗的记录中，最短的间隔是两年一次，最长的一次是 7 年一次。为此，罗丹的朋友马提亚斯·莫哈特认为保罗是一个“头脑简单的傻子”。

无论是生前还是死后，卡米耶都注定了毁灭的命运。卡米耶去世时，她的母亲已经去世十多年，保罗在她去世之前克服了重重困难，穿越被占领的法国去看望她，不过，他没有去看卡米耶的最后一眼，也没有在葬礼上出现，至于她的姐姐，压根儿就没有动身。卡米耶被埋葬在精神病院的墓地，在她死后 20 年，人们想要找回她的遗骸，可是精神病院的墓地已经经过翻动——卡米耶去世 10 年后，她的骸骨被转移到公墓中，与众多人的骸骨混在一起，导致后人无法寻觅踪迹。如今，我们只能从她留下的 90 件雕塑、一些绘画与速写作品中窥探她的艺术与人生。

在那个时代，卡米耶的人生悲剧不仅在爱情方面，还在艺术方面。19 世纪后半叶的法国，雕塑是男人的艺术，女性根本没有接触艺术的权利。作为时代反叛者，生活在社会偏见和陈腐的道德观念之下，她的雕塑作品展现出的力量比男性还要强大，情感比罗丹还要强烈，可是，她的作品无法得到公众的认可，更不被上流社会所接受，人们更愿意关注她与大雕塑家之间的浪漫故事，而不是她的艺术作品。

生前，卡米耶通过经纪人出售过作品，获得了一点点远不及她期望的商业成功。卡米耶去世后，她的作品逐渐获得展出的机会。1951 年，保罗在罗丹博物馆为卡米耶举办了展览，30 年后，卡米耶的大型作品展成功举办，进入 21 世纪后，卡米耶的作品单独或与罗丹的作品一起在世界各地展出，与此同时，有关卡米耶的人物传记、电影作品、歌剧、音乐剧、芭蕾舞剧纷纷问世，后人从卡米耶的书信、雕塑作品中寻找她的人生轨迹。

艺术家的艺术创作似乎总是与他本人承受的苦难成辩证关系。唯有承受人生磨难、坎坷，体验焦灼、挣扎、绝望等强烈情绪，艺术家的作品才能摆脱平庸，拓出艺术的真正意义。卡米耶的创作之路亦是如此，她那千疮百孔的爱情，她的坎坷崎岖的生活经历，皆在她濒临疯狂状态下创作的作品中得到了升华。精神上的痛苦为她带来了源源不断的创作灵感，亦彻底扼杀了她的艺术天赋。

失败的滋味——拉赫玛尼诺夫

提到俄罗斯音乐家，人们会想到柴可夫斯基，想到肖斯塔科维奇，想到斯特拉文斯基，自然也会想到拉赫玛尼诺夫。作为 20 世纪的古典音乐家，拉赫玛尼诺夫受过良好的音乐训练，其作品《第二钢琴协奏曲》《第三钢琴协奏曲》《帕格尼尼主题狂想曲》等，至今仍是钢琴演奏曲目中的热门。更值得一提的是，拉赫玛尼诺夫是音乐家中少有的接触过心理治疗的一位。

拉赫玛尼诺夫出生在俄罗斯的谢苗诺沃，父亲是一位富裕的地主，亦是一位军人，母亲是圣彼得堡音乐学院的毕业生，父亲希望拉赫玛尼诺夫将来成为一位有前途的军人，拥有良好音乐教养的母亲则希望发展他的音乐才能。后来，父亲败尽了家财，抛妻弃子，拉赫玛尼诺夫便与母亲一起生活。从母亲那里，拉赫玛尼诺夫接受了最早的音乐教育，不过，母亲对拉赫玛尼诺夫也是非常严格，如果他犯错误，母亲会罚他坐在钢琴底下。

拉赫玛尼诺夫的正式钢琴学习生涯从圣彼得堡音乐学院开始，后来，他转入莫斯科音乐学院，师从茨维列夫，在那里，他接受了严格的钢琴训练，同时结识了鲁宾斯坦、塔涅耶夫、柴可夫斯基等人，这些人的音乐风格对他的创作产生了不同程度的影响。

在莫斯科音乐学院就读期间，拉赫玛尼诺夫创作了大量作品，如《乐队谐谑曲》、管弦乐《曼佛雷德》《第一钢琴协奏曲》和交响诗《罗斯基斯拉夫王子》，他的毕业作品是根据普希金长篇叙事诗《吉普赛人》改编的歌剧《阿连科》。这一时期的拉赫玛尼诺夫并未形成强烈的个人风格，创作多是模仿门德尔松、舒曼、肖邦、柴可夫斯基等人的风格，他受柴可夫斯基的影响最大。而他后期的作品具有深厚的民族音乐特色，旋律丰富，具有史诗般壮阔的音乐结构。

拉赫玛尼诺夫以优秀毕业生的身份提前一年从莫斯科音乐学院毕业，同时，《阿连科》为他赢得了音乐学院颁发的“大金质奖章”，年纪轻轻便开辟出事业道路，拉赫玛尼诺夫前程大好。他听从柴可夫斯基的建议，立刻与出版商签订合约，开始了他繁忙的音乐会演出活动。在演奏之外，拉赫玛尼诺夫兼顾作曲，他创作的《升 c 小调前奏曲》为他在欧洲大陆打响了名声，那一年，他 19 岁。

拉赫玛尼诺夫的事业风生水起地发展了几年，很快遭遇了重创。

1897 年，拉赫玛尼诺夫创作的《d 小调第一交响曲》首演，因为指挥没有进行充分的练习，且在演奏当天醉酒，导致整个乐队演奏糟糕得一塌糊涂，拉赫玛尼诺夫的音乐被批评家恺撒・居伊称为“变态”而“邪恶”，报纸的评论亦以批评、攻击居多，有人说“拉赫玛尼诺夫的作品是一件尚未完全发掘自己的作曲家之作品……就这一点来说，他将来不是成为音乐上的疯子，就是成为勃拉姆斯这类的人……”尽管乐曲失败的原因有外在因素，也有内在因素，拉赫玛尼诺夫则把所有过错都算在自己身上。原本内向沉默的他，如今开始怀疑其自己的作曲才能，对失败的恐惧让他不敢再尝试创作。

拉赫玛尼诺夫受了很大的打击，一度表现出 PTSD 的症状：神经衰弱、信心丧失、酗酒、精神不振。此后 3 年，拉赫玛尼诺夫一蹶不振，他无法集中精神作曲，已经动笔的乐章也被搁置，同时承受身体、心理变化带来的痛苦。多年后，拉赫玛尼诺夫回忆那时的自己说：“我就像一个受中风重击的人，已好久不知如何使唤我的头脑和双手……”长期处于精神崩溃状态，可吓坏了拉赫玛尼诺夫的家人和亲戚，他们四处奔走，到处求助，希望有人能拯救他那破碎的心灵。

他们找到的救命稻草是尼可莱·达尔博士。亲戚们拜托达尔博士，要不惜一切代价治好拉赫玛尼诺夫，直到他能动笔作曲为止。此前，拉赫玛尼诺夫答应了伦敦皇家爱乐协会，要给他们写一首钢琴协奏曲。治疗中，达尔博士每天在拉赫玛尼诺夫耳畔说："你将开始写作《协奏曲》……你将工作得非常顺利……这将是一首完美的作品……"如此生硬的心理暗示持续了一段时间后，拉赫玛尼诺夫竟然开始动笔作曲。

有史以来，这是第二次心理治疗与音乐创作的结合。此前，马勒曾与弗洛伊德就婚姻问题谈论了 4 个小时，两人亲切交谈，在莱顿小镇闲庭信步，事后，弗洛伊德回忆说："从未有人像马勒这样如此轻易掌握心理分析的要领"，马勒也觉得好转了许多，他在发给妻子的电报中说"高兴些！"

人类的艺术创作是由自由意志掌控，还是由无意识掌控，这个问题探讨起来有些困难。不过，人们从疾病中恢复过来时往往是最具有创造力的，《第二钢琴协奏曲》便是一个很好的证明。1900 年，拉赫玛尼诺夫在达尔博士的帮助下总算完成了他的"作业"，他创作了《第二钢琴协奏曲》，并将这首曲子献给了达尔博士。

《第二钢琴协奏曲》的基调很明朗，在短暂的阴郁之后，便充满了欢乐的情绪与温柔，可以很明显地感觉到黎明前的希望，是拉赫玛尼诺夫走过漫长心灵黑夜迎来光明的产物。这首曲子兼具结构上的完美妥帖和钢琴的浪漫情趣，缓慢的钢琴搭配弦乐，在起承转合间讲述了一个哀伤中带有希望的故事。

从第一乐章的低沉，到第二乐章的舒缓，最后到第三乐章的激情迸发，人们很容易被音乐中的情绪所感染，自然而然地与这位一度陷入精神崩溃的音乐家产生共鸣。身处困顿中的人，尝试着冲破牢笼，却始终不能如意。在黑夜中挣扎着，在极度压抑的环境下坚持着，没有人能理解的精神世界，它封闭了，无人能亲近，也无人能触及。《第二钢琴协奏曲》完美地阐释了音乐家整个治疗阶段的心路历程。

在未完成稿的首演中，拉赫玛尼诺夫亲自担任钢琴独奏，演奏了《第二钢琴协奏曲》的二、三乐章，翌年春天，第一乐章完成，演出备受欢迎，拉赫玛尼诺夫得以战胜心魔，重拾了作为音乐家的信心。

除了作曲，拉赫玛尼诺夫还是一位出色的指挥家。他曾担任莫斯科大剧院的指挥，后来，俄国革命，拉赫玛尼诺夫离开俄国，前往意大利，后前往德国的德累斯顿，1909 年，拉赫玛尼诺夫第一次前往美国，在此期间，他创作了《第三钢琴协奏曲》。

相比“拉二”,《第三钢琴协奏曲》在技巧上的要求更高。《第三钢琴协奏曲》作为俄罗斯作曲家的钢琴协奏曲中首屈一指的一首，是拉赫玛尼诺夫创作生涯的最高杰作。这首为美国演出创作的作品是拉赫玛尼诺夫钢琴协奏曲中的巅峰之作，也是世界上技巧最难的钢琴协奏曲之一。

由于患有马凡氏综合征，拉赫玛尼诺夫拥有修长的四肢和一双巨大的手，他的左手能轻松地按到跨十二度的琴键，正因如此，演奏他的作品对后人来说非常困难，钢琴演奏家塞里尔·史密斯描述拉赫玛尼诺夫的大手时说，“如同章鱼的触角覆盖在键盘上”。他本人戏称这部作品为“大象之作”，意指其庞大而沉重。后来的钢琴演奏者亦评价说，演奏“拉三”在体力上的消耗相当于铲十吨煤，在电影《闪亮的风采》中，亦有一段音乐家因演奏“拉三”而精神崩溃的情节，可见演奏这首曲子所需的体力与精神力量的强大。

由于国内的政治动荡，剧院受到暴民的破坏，且出身富裕地主家庭的拉赫玛尼诺夫正是革命者攻击的对象。意识到环境的危险，拉赫玛尼诺夫于 1917 年借到瑞典演出的机会离开俄国，于次年移居美国。为谋生计，拉赫玛尼诺夫人生中的后 20 年一直在美国及欧洲各地演奏。

拉赫玛尼诺夫本身具有一种郁郁寡欢的气质，尽管他婚姻美满，在全世界范围内拥有声誉，在二十多年里，他却一直被糟糕的经济状态推着走，从一个地方到另一个地方，从未停止他的巡演步伐。1921 年，拉赫玛尼诺夫终于摆脱了经济危机，他在美国买了房子，按照伊凡诺夫卡老宅的样子建造，雇佣俄国仆人，70 岁时，拉赫玛尼诺夫仍然在四处演出，直到去世前一个月因身体不适停下来。他曾经说过："我感到我工作时比闲散时更强，所以我祈求上帝让我工作到生命的最后一天。"

《帕格尼尼主题狂想曲》是拉赫玛尼诺夫晚年最重要的作品，他用帕格尼尼的随想曲中的"愤怒之日"为主题展开了二十四段变奏，这套曲子后来多次出现在电影配乐当中，如《时光倒流七十年》中的第十八变奏,《一步之遥》中的第十三变奏。

第七章

不寻常的大脑——人格障碍

歇斯底里人格——卢梭

如今，评价一位伟人常用“公德”与“私德”分开的方式，一位伟人之所以伟大，是因为他在个人生命中为全人类的幸福、进步做出了贡献，至于其私生活如何，其作为一个人的存在应获得何种评价，则放在“私德”的范围内。如此一来，我们依然可以称颂马丁·路德·金为伟大的民权领袖——在公德范围内，至于他是否嫖妓、论文是否造假，则是另外一回事儿了。

让·雅克·卢梭也适用这一公私分开的评价方法。卢梭是 18 世纪最有影响力的思想家，也是最有争议的人物之一。卢梭去世之后，因其思想对法国大革命的重大影响被葬在了先贤祠，而不是因为他的道德高尚。终其一生，卢梭都在他的作品中表现其矛盾病态的性格，他追求真理，但是自我欺骗，他兼具民主和独裁两种特质，他热爱社会又嗜好孤独，他为全人类的命运操心，却不愿意抚养自己的孩子……因此我们说，卢梭是伟人，但不是圣人。

如果为卢梭诊断一下病情，会有许多关键词被提及，抑郁症、精神分裂症、高血压、歇斯底里、中毒性神经官能症。在他的书信集中，人们还能看到诸多身体不适，头疼、发烧、耳鸣、失眠、心悸、吞咽困难、手脚僵直……55 岁那年，卢梭感慨他的生存困境时说：“我现在快六十岁了，受到那么多残疾与不幸的折磨。生命还能苟延时日，但为此付出的代价太高了。”

在《忏悔录》中，卢梭大胆暴露自己的隐私，其真诚程度令人汗颜，不过，其为人的真相亦令世人大跌眼镜。在字里行间，我们看到这个颇有几分姿色的思想家不堪入目的一面，他歇斯底里地追求自由，及时行乐，不愿意承担责任；他敏感，拒绝接受他人的批评；他有严重的恋母情结，在年长的妇人那里找寻母爱与爱情；他还是一个暴露狂……如此种种，卢梭到底是一个何种人格的伟人呢？

恋母情结伴随卢梭一生。由于一出生就丧母，卢梭从未得到过母爱，在恋爱中，卢梭依恋的是年长的、成熟的、具有强烈母性的女人。不管是德·菲尔松小姐，还是华伦夫人，她们在卢梭的生命中扮演的角色是情人，也是妈妈和姐姐。

在众多情人当中，卢梭与华伦夫人这段畸形的母子恋意义重大。华伦夫人对卢梭有恩也有情，尽管她的下一任情人的到来深深地伤害了卢梭的感情。从性格类型上说，他们都有歇斯底里的特质，华伦夫人也是自幼丧母，接受过杂乱的教育之后，脑子里时不时地迸发出美好的幻想。

卢梭出生后母亲就去世了，父亲对他的出生怀着带有怨恨的爱。在教育方面，由于父亲并非一个权威的人，他自己不够坚强自律，带给卢梭的影响也是自由散漫，缺乏约束的教育。从卢梭的一生中，我们可以找到多个缺乏道德、自律、责任与勇气的例子。

多年里，卢梭以一个流浪汉的身份四处周游，有时候会谋到一个职位，但是朝不保夕。走在路上，卢梭体验了“奇妙的人生”。有一次，一个与他同游的朋友在大街上癫痫发作，趁着人群聚集起来，卢梭抛弃了这位朋友。还有一次，他冒充詹姆士二世的党徒，谎称自己是苏格兰人，还跟一位贵妇人闹了一回桃色新闻。

离开了资助他的贵妇人，卢梭最终与黛蕾丝——一位巴黎旅馆的佣人一起生活，这个女人丑陋而无知，不会读写，且贪得无厌，他们生了 5 个孩子，全部被他送到了育婴堂。卢梭的研究者认为，向来不愿与大人物为伍的卢梭终于在平凡人的身上找到了优越感。尽管资助他的贵妇人都不喜欢黛蕾丝，卢梭亦没有离开她，且真诚接纳她。

他优柔、怯懦、不受约束，当他多次因歇斯底里而哭泣时，甚至需要华伦夫人冷静而充满温情的安慰。终其一生，卢梭未能突破他的教育限制，他永远充满孩子气，相貌是一个大人，心智却始终是一个孩子。这份孩子气对卢梭的处事没有什么帮助，他心智不成熟，面对社会纷争不知所措，报纸上的奚落、批评，没有激起他的战斗欲望，而是令他更敏感、战战兢兢、心中抑郁。

卢梭的被害妄想与其成长经历有关系。但凡童年时期受过虐待或者心理创伤，或者经历过压力事件，儿童对外界、对人的信任度便会降低许多。从父亲对他的指责中，卢梭一边感到愧疚，一边在幻想中渴望家庭的温馨。

在性心理方面，卢梭有着奇怪的癖好——受虐倾向与暴露狂。8 岁时，他就从打屁股的惩罚中体会到快感，那种伴随着疼痛、耻辱的快感令他终生难忘，直到成年，他一直享受着这个癖好，“跪在一个泼辣情妇面前，服从她的命令，乞求她的原宥，对我说来就是极甜美的享受”。16 岁时，他还做过对着女性露出臀部的举动，当然，他被抓住了，并且此后再也没那样做过。

在与休谟的交恶中，我们可以看到卢梭的被害妄想症。当他在休谟的帮助下到达英国后，由于不适应气候，生活拮据且营养不良，卢梭表现出忧郁与被害妄想的倾向。这种慢性的精神错乱使卢梭产生了被嫉妒、被陷害的幻想，他还喜欢夸大其词，从英国归来，卢梭指责文人沆瀣一气，使他遭到陷害，报纸上出现他的新闻，他亦认为是有人陷害他，指责休谟策划了所有的阴谋。

遭受一系列指责，休谟无疑是最无辜的。他帮助卢梭到英国避难，替他申请年金，被诬称为阴谋家，休谟倍感受伤。综合考虑之后，休谟没有与卢梭针锋相对，而是将他们的通信交给了英国国家图书馆，出版说明文章，以求获得公正的判断。

晚年，卢梭疾病交加，疼痛不断，持续的病痛让他彻底断绝了与公众的交往，尽管他努力与医生保持联系，那个时代的医生对他亦是无能为力。此外，在误解和孤独中，他的精神也不堪重负，最终死于尿毒症并发症。

尼采说，有的人是死后才出生，卢梭便是如此。生前，人们将其看作疯子、浑蛋、流浪汉，去世后，卢梭成了革命之父、浪漫派的开创者、极权主义思想家，尽管越来越少人读《社会契约论》，越来越多人误读卢梭的思想，他却在一代又一代的再造中成为一个新的、有别于他本来面目的陌生人。

自恋型人格——拿破仑

拿破仑，一个响当当的名字，他是法国历史上著名的军事家、政治家，也是最令人惊奇的天才之一。他建立资产阶级帝国，保卫了法国大革命的胜利成果；他向整个欧洲发动战争，将法国革命思想和革命制度推向全欧洲。他半个人生在马背上度过，征战百次，攻无不克，战无不胜，他亲自指挥和参加的战役有 60 多次，其中 40 次获胜，故有“常胜将军”的美称。

不过，拿破仑亦是一位自信到自恋的人，不管在政治上，还是在军事上，拿破仑都表现出傲慢自大的自恋倾向。由于自信和卓越的个人才能，他逐渐变得膨胀，他的自恋型人格也表现得愈加明显，他视上帝为仆人，视欧洲各国王室成员为昏庸无能之辈，他曾说，在他的字典中没有“不”字，这句话正是他人生悲剧的根源。

自恋（narcissism）一词来自古希腊神话故事，一位名叫纳西斯（Narcissus）的少年在水中见到了自己的倒影，从此爱上了另一个自己。他每天看着水中的自己，茶不思，饭不想，最终憔悴而死。纳西斯死后，变成了一朵花，水仙花（narcissus）的名字便由此得来。后来，精神病学家、临床心理学家借用这个词，用以描绘一个人过度喜爱自己、达到病态程度的心理状态。

自恋型人格障碍者普遍对自己有过高的、超出实际的评价，他们喜欢夸大自己的才能，以获得他人的关注，渴望得到持久的关注和赞美，对成功、权力、荣誉和理想的爱情有着非分的幻想，嫉妒心强、缺乏同情心，喜欢指使他人，要求他人为自己服务，但是对来自他人的批评感到愤怒、羞愧和耻辱。

从拿破仑的人生轨迹中，我们可以看到典型的自恋型人格特点。拿破仑出生在科西嘉岛的一个意大利贵族世家，拿破仑家族人口众多，经济上并不宽裕，但是其血统高贵，其祖上可以追溯到意大利佛罗伦萨的贵族。他出生时，科西嘉成了法国的殖民地，他父亲是一位背叛理想的律师，他从解放科西嘉的战士变成了归顺法国的臣民，成年后，拿破仑对父亲的做法颇有微词，一段时间内，他梦想着将科西嘉岛从法国管辖下独立出来。只是没想到，他最后没有让科西嘉独立，而是征服了法兰西。

从孩童时期，拿破仑就是一个争强好胜、好勇斗狠的小孩，他敢动手打比他年长一岁的哥哥，在战争游戏中，他坚决不扮演失败者一方，而要作为战胜者“参战”。十几岁时，拿破仑被父亲送入军校接受军事训练，在军校里，由于身材矮小，行为古怪，拿破仑遭到了同学的戏弄，同学开他玩笑，给他取绰号“斯巴达汉子”。最终，他用与同学打架的方式结束了被歧视的生涯。除了在武力上证明自己的强大，他还全心地投入功课当中。在学校里，他的数学、历史、地理方面的成绩非常突出，他喜欢读古希腊的英雄业绩，恺撒的《高卢战记》曾是他的枕边书。

法国大革命爆发后，拿破仑在与王党的战斗中表现出非凡的军事才能和勇气，得到提拔后，他率兵征战意大利和埃及，出色的战绩让他获得了前所未有的名声，当他从埃及回到巴黎，已然成为法国最受欢迎的人。军事上的成就激发了拿破仑的政治野心，1799 年 11 月 9 日，拿破仑发动雾月政变，解散了督政府，成为临时政府的三位执政之一。

1804 年，拿破仑在巴黎圣母院举行加冕仪式，当教皇拿起皇冠准备戴在他头上时，他接过皇冠，自己戴上了，还把另一顶皇冠戴在了妻子约瑟芬头上。这一仪式具有极大的象征意义，向来君权神授，拿破仑却蔑视神权，把上帝视为仆人。拿破仑的野心岂止是登上法国帝王的宝座，他的野心是征服整个欧洲。1805 年，拿破仑同第三次反法同盟作战，他挥兵多瑙河，大胜联军。

为了实现一统欧洲的理想，拿破仑尝试穿越英吉利海峡，攻打奥地利，在吞并了大片欧洲土地后，他准备征讨没有触碰过的土地——俄罗斯。1812 年 6 月，他率领 60 万大军御驾亲征，并希望战争在年底前结束。结果，他低估了俄罗斯人的意志，也低估了俄罗斯的寒冷冬天，战争结束后，拿破仑的军队只剩下 2.7 万人，无奈之下，他带着残兵败将退回巴黎。

征战俄罗斯的失败成了拿破仑败绩的序曲。在同第六次反法同盟的作战中，拿破仑的军队只坚持了半年多。尽管战功卓著，拿破仑的政治思想还是幼稚一些。每每打了胜仗，他便把家里的亲戚封官晋爵，昨天还是小士官小老百姓，第二天就成了西班牙国王、意大利副国王。政治上的幼稚为最终的众叛亲离、大势已去埋下了伏笔，战败后，拿破仑被迫签署退位诏书，他本人亦被流放到地中海的厄尔巴岛。后来，他又潜回巴黎，重登皇位，再度与联军作战，可惜只留下兵败滑铁卢的战绩。

若说拿破仑一生何时曾表露卑微，可能只有在他和约瑟芬的爱情上。拿破仑一生虽有情人和第二任妻子，但他始终挚爱的女人依然是第一任妻子约瑟芬。这位拖着两个孩子的寡妇在大革命中失去了丈夫，背负巨额债务，她懂得如何让自己和她的孩子生存下去。虽然年过 30 岁，但她风姿曼妙，具有成熟妇人的迷人风韵，在瘦弱矮小、貌不惊人的拿破仑眼里，约瑟芬是一位娇柔妩媚、善解人意的女子。

第一次见面，拿破仑便被约瑟芬吸引，约瑟芬则看到了拿破仑的前途无量，两人在相识 3 个月后结婚，婚后不到 3 天，拿破仑再次出征。在战壕里，拿破仑给约瑟芬写下了无数情意款款的信件。可惜，约瑟芬与一位年轻军官的私情很快传到拿破仑耳朵里，她的背叛浇灭了他的热情，回国后，他的爱情降到了冰点。后来，由于约瑟芬不能生育（一说不愿），为了有一位子嗣继承皇位，拿破仑选择了政治联姻的方式，迎娶了奥地利女大公玛丽·路易莎。

拿破仑一生战功显赫，而他人生最大之悲哀亦是他的赫赫战功。因为打了太多的胜仗，他对自己的军事才能过分自信，进而变得贪婪，变得不知天高地厚。他有野心，亦有策略，4 次击溃反法同盟，成为欧洲最大霸主，这无疑是对他军事才能和个人信念的最大肯定。但是，他从黄袍加身到第一次退位前后不过 10 年，如果他不是太过自负、唯我独尊，拿破仑帝国或许不会那么快灭亡，那样的话，今天的世界可能是另外一番格局了。

强迫型超级天才——乔布斯

脾气暴躁、虚伪、自恋、不尊重下属、典型的强迫人格……在美国众多企业的 CEO 中，拥有这类个人风格的总裁不在少数，其中包括惠普前 CEO 卡莉·菲奥立娜、迪斯尼前 CEO 迈克尔·艾斯纳和苹果前 CEO 史蒂夫·乔布斯。狡诈、虚伪、粗鲁、残暴、傲慢自大，脾气暴躁，固执己见，控制欲极强，与人交往时喜欢贬低他人，甚至用欺凌的手段谋取权力，这些特点在乔布斯身上展现无遗。在他主政苹果时，公司里弥漫着残酷的、恃强凌弱的文化氛围，恐吓事件时有发生。

作为 21 世纪最有创意、成功的公司，乔布斯给苹果带来了辉煌的成就。但作为一个企业领导者，作为一个人，乔布斯被人诟病的地方也有很多。乔布斯是一个弃婴，尽管他遇到了善良醇厚的养父母，但他始终记得自己是一个被收养的孩子。他对自己的要求特别高，从青年时期起，“我为什么会被抛弃”这一问题时常萦绕在他心头，在家庭里，他孤僻，不信任他人，把自己当作局外人。

早在创办苹果之前，乔布斯在雅达利工作，由于上司赏识，他拿到了一份报酬为 5000 美元的工作，工作完成即付报酬。乔布斯冥思苦想不得要领，只好求好友沃兹帮忙，但他对沃兹说，这个工作报酬只有 700 美金，完成之后两人平分，结果，工作完成，他自己拿了 4650 美元。

他对朋友不义，对前女友更缺乏仁慈之心。女友告诉他自己怀孕了，两人争执起来，结果，乔布斯让女友走，后来，女友生下孩子，乔布斯通过医学手段才承认那是自己的孩子并且支付抚养费。

乔布斯的传记作家认为，他具有典型的强迫型人格障碍。强迫型人格不同于强迫症。强迫症是以强迫观念和强迫动作为主要表现的一种神经症，病人有意识地自我强迫，还有意识地反强迫，明知道强迫症状的存在毫无意义，但是无法克制其反复出现，因此感到紧张、痛苦。强迫症病人每天花几个小时洗手、数数或者背诵看到的东西，他们没有办法工作，更没有精力经营一家公司，开发一款前无古人的产品。

强迫型人格倒是有许多强迫症的特质，如强迫思考，穷思竭虑，强迫观念，此外，他们的不满足感永远存在，对自己的作品从来不满意，甚至觉得自己会失败。为了摆脱不完美带来的焦虑，他们不断精益求精，直到满意为止——那已经是一般人无法达到的水平。

强迫型人格者非常谨慎、小心，具有完美主义倾向，严格要求自己，反复核对工作，唯恐出现疏忽或差错，过分关注规则、条目、秩序，刻板固执，不合情理地坚持要求他人严格按自己的方式行事。这类人中男性居多，男性数量大概是女性的两倍。

强迫型人格从幼年时期就表现出显著特征，如过度追求完美，强烈的计划性，时间观念强，从来不迟到，花费许多时间制订工作、学习计划，过分注重整洁，对细节挑剔到吹毛求疵的地步。据说，乔布斯非常热衷于挑出文件中的语法错误。

强迫型人格者痴迷工作，是控制狂，喜欢掌控一切的感觉，任何事情，他们都要求以自己的方式来做。他们痴迷于喜好的领域，较容易在研究领域做出成绩。为此，他们会与人争辩，不顾他人感受地强调自己的正确，因为他们把所有精力放在想要的东西上，他们无暇顾及人际关系，也不在乎他人对自己的评价，这类人常常给人难以相处的印象。在生活上，他们不太重视家庭生活；在人际关系中，只有占据统治地位时，他们才会觉得心情愉快，若是控制欲遭到了遏制或压抑，他们会感觉非常不舒服。

乔布斯是一个超级控制狂，尽管他在斯坦福的演讲中对学生说，要看重自己的声音、勇气和直觉，但是在苹果公司，员工并没有机会倾听内心声音，乔布斯不愿意遵守别人的规矩，相反，他要求所有人都要遵守他的游戏规则。

乔布斯的控制欲还表现在几十年的素食生活里。乔布斯是一个对食物要求苛刻，甚至有些过分挑剔的人，他曾经因为汤里放了黄油而把汤吐出来。他不仅自己不吃鱼肉、蔬菜之外的东西，还劝说身边的人成为素食主义者，他不放过任何一个游说的机会，因而让与他同桌吃饭的人倍感压力。

移植肝脏之后，乔布斯决定只吃水果汁。他把七八种水果汁排列成行，拿勺子舀着吃。他的素食、节食行为有一种苦行僧般的修炼色彩，当他病情加重时，乔布斯不顾医生的劝告，依然继续他的饮食习惯。不过也有人认为，正是他的饮食习惯延长了生命——一般胰腺癌病人在确诊后继续活 8 年简直是妄想。

乔布斯的完美主义体现在对产品设计的无限苛求上，他不惜每天耗掉天文数字般的研发经费，也不在乎将管理成本花在员工内耗上，研发 iPhone 期间，乔布斯挑起两位产品经理的对立，其目的是追求审美的纯粹——他只想要看到最完美的产品。乔布斯身上具有宗教领袖的气质，尽管他难以相处，满身毛病，还是有很多人追随他，他自恋得只相信自己的洞察力，他的“信徒”们只好理解他，尝试探测他到底想要什么，而苹果现任 CEO 蒂姆・库克无疑是做得最完美的一个。

作为 CEO，乔布斯是一个很难伺候的人。他要求每一件事都按照他的要求去做，否则的话，他就会暴跳如雷，对下属大发雷霆。拒绝与人交流，以粗暴、直接的方式下达命令，这种性格让他的管理变得冷酷无情，这也是他被苹果扫地出门的重要原因。智力和刻苦能使人达到某种程度的成功，但如果想达到乔布斯的境界，还需要一些疯狂的成分。乔布斯惦记着他的设计直到最后一刻，在他被送进重症监护室后，他还扯下氧气面罩，要求更改产品设计。

越来越多的研究表明，强迫型人格在信息技术领域拥有更好的表现。如今，许多技术公司在招牌员工时倾向于挑选神经质一点的应征者，另外，在棒球、高尔夫球等需要不断重复相同动作的运动项目上拥有出色成绩的人也会被纳入备选。重复动作，缺乏交际技能，让他们不能处理好日常事务，但是，若能发挥出强项，这类人在单一领域的创造力是惊人的。

偶像崇拜者喜欢将他们钟爱的对象理想化，只想看到其伟大成就，不愿面对偶像的人格缺陷。其实大可不必，一个神经质的 CEO 或者是一个暴君统治者，他们的成功正得益于这些“精神疾患”，创造力与人格缺陷并存，这不是一种矛盾。如今，“乔帮主”去世，世人对他的评价褒贬不一，但是有一点毫无疑问，他是一个商人，又岂止于一个商人。他的偏执、暴怒与完美主义影响了一个领域，也影响了一个时代。

第八章

物质控制精神
——药物依赖

永远在路上——凯鲁亚克

作家都酗酒。这话有些武断——大多数作家都酗酒。作家很容易和酒精联系在一起，甚至达到酒精中毒的地步，如村上春树钟爱的美国作家们，菲茨杰拉德、雷蒙德·卡佛、钱德勒，海明威和福克纳在创作时也是酒不离手。女作家也喝酒，不过像杜拉斯那样醒过来就开始喝，一口气能干掉 8 升波尔多葡萄酒的酒鬼女作家不太多。中国古代最著名的诗人李白则“斗酒诗百篇”。已故美国著名作家中，只有 12 位是几乎不喝酒的，其他人不是终生与酒精相伴，就是酒精中毒，甚至如“垮掉的一代”的代表作家凯鲁亚克，活在酒中，死在酒中。

很多原因促使作家们酒不离手，大多数是个人压力，创作的压力，酒精能够刺激大脑皮层，刺激作家们的创造力和艺术表现力。酒精对大脑内分泌平衡的破坏，往往会诱导出独特的精神状态，从而让作家们收获创作的灵感。在这里，酒精扮演了缪斯的角色。至于凯鲁亚克为何嗜酒如命，并最终死于酗酒，我们还要从“垮掉的一代”开始谈起。

“垮掉的一代”开始于 20 世纪六七十年代，那个时候的美国，经历了一个世纪的工业化发展，以强大的经济实力占据世界第一位。可是，“二战”的阴影并没有在美国人心头消散，民权运动、冷战、越战等接踵而来，年轻人精神空虚、迷惘，他们怀疑世界，以虚无主义的方式存活，叛逆、自我否定、绝对的自由成了他们的精神追求……他们的生活方式和犯罪、公路旅行、爵士乐、滥交、同性恋、酗酒与吸毒联系在一起，作为“垮掉的一代”的代表作家，其人生经历便如同他的作品一样——在路上。

凯鲁亚克并非自幼酗酒，却是从小就喜欢上了文学。他出生在美国马萨诸塞州一个印刷商家庭，父亲破产、患病、酗酒，哥哥夭折，全家靠母亲在鞋厂工作赚钱维持生活。并不幸福的童年生活环境消灭了凯鲁亚克对幸福生活的向往，他的个人生活似乎也与幸福无缘。

17 岁，凯鲁亚克进入哥伦比亚大学读文学，在那里，他结识了一群放浪不羁的年轻作家，他们互相交流阅读经验，评论彼此的作品，尝试大麻和性爱。从那时起，他就爱上了酒精的滋味，家乡的朋友给他起名“歪歪”，这是

一个酒鬼的外号。很快，他就厌恶学院派的教学方式，辍学离校，开始尝试各种职业。

之后，他四处流浪，当过加油站职员、体育记者，在商船上当过厨工，还参加过美国海军，与此同时，他开始写作，模仿乔伊斯的意识流风格写小说。在路上消磨了 7 年时间，28 岁那年，凯鲁亚克的第一部长篇小说《小镇与小城》出版，但是没有引起人们的关注。

此后，他与同伴开始在美国、墨西哥等地漫游，一路上，他们吸毒、酗酒、偷窃、赌博、搞同性恋，他把一路上的见闻用没有空格、没有标点符号的形式写下来，这部稿子写完后被送到出版社，结果被拖了 6 年，小说才得以出版。这部名为《在路上》的小说如实地记录了凯鲁亚克等人对现实的不满以及他们的精神苦闷。评论界对这本小说褒贬不一，有人说这部没有情节、结构混乱的作品根本算不上小说，也有人称它为大胆创新的成果，不管怎样，凯鲁亚克从一个籍籍无名的文学爱好者成了知名作家。

未成名时渴望被人知，成名之后，名声却成了凯鲁亚克最大的负累。在书中，凯鲁亚克如此写道："在尘世中默默无闻的人要比在天堂上声名显赫自由自在得多，什么是天堂？什么是尘世？全是些虚无缥缈的想象。"他单纯、坦诚，但是不被人理解，媒体对他的报道不是曲解，就是面目全非，他唯一释放内心苦闷的方式便是酒精。

凯鲁亚克吸毒，但是没有成瘾，唯一让他爱不释手的只有酒精。凯鲁亚克的身边不乏使用致幻药物和使用毒品的朋友，他尝过毒品的滋味，也知道毒品的危害，所以他不喜欢毒品。很长时间里，他钟爱托卡伊白葡萄酒，且只喝酒不吃食物。喝酒之后，凯鲁亚克产生了幻觉，想去见心理医生，最终被朋友劝下了。

酗酒是凯鲁亚克自我麻醉的方法，也是他用来壮胆的方法。很快，他成了远近闻名的酒鬼，他在酒吧里喝醉，与人争吵、打架，他不肯去纽约或曼哈顿，因为担心喝醉后会被撞死。他不喜欢被家庭束缚，与妻子离婚，叫怀孕的妻子去堕胎，女儿出生后，他选择了逃离，拒绝为女儿付抚养费。

当他的朋友们一个个都跨过 30 岁，开始结婚生子，过起稳定的生活，凯鲁亚克变得孤独寂寞，抑郁愤懑。生命的最后时光，他与妻子、母亲生活在一起，每天看电视、听音乐，依然纵酒，最终死于酗酒。直到去世，凯鲁亚克的作品仍未得到正统文学的接纳。

狂吸雪茄的老烟民——弗洛伊德

弗洛伊德是一位心理学家，是精神分析理论的开创者，是一个文艺青年，同时他也是一个大烟鬼——狂吸雪茄的老烟民。在分析人格心理发展阶段时，弗洛伊德提出了“口唇期”这个概念，他认为，人在 0 ~ 1.5 岁的需求主要是获得口唇的满足，如婴儿通过吸吮母乳获得口唇的愉快感，饥饿或者感觉不舒服时用口哭叫，咬母亲的乳头，抓着东西往嘴里塞……如果婴儿在口欲期获得满足，就能建立正常的亲子关系，获得安全感，在今后的成长中顺利过渡到下一个人格阶段。

相反，如果口欲需求未能获得满足或者过度满足，孩子的人格会停留在口欲期，在人生的不同阶段都会表现出对口欲满足的强大需求。比如，过了一岁半之后，孩子仍然吃手，两三岁的时候，见到别人吃东西就抢，从地上捡起脏东西往嘴里送，成年之后吸烟成瘾等。当然，心理上的影响远远超过日常行为上的影响。

人格发展阶段的固结会直接影响一个人的心理和行为。口欲需求受挫，人会缺乏安全感，成年后表现为自卑、自恋，如果过度满足，则会出现“口腔性格”，在人际关系中表现为过度依赖、善妒等特点。如果成年人在遇到突发事件时仍然吮吸手指，不只证明其人格发展停留在口欲期，还表明其内心潜藏着严重的焦虑感。

弗洛伊德用这一理论信誓旦旦地分析他的病人，不过，他也逃不过被人分析的命运。话说，弗洛伊德一边吸着雪茄，一边给他的学生讲解这一理论时，一位学生问他，像他这种经常需要把东西含在嘴里的行为，是否是一种失调的行为，是口欲期滞留的证明？弗洛伊德没有借此机会分析自己，而是回答说："有时雪茄就只是雪茄。"

这是一个无从考察出处的段子，不过，弗洛伊德超爱抽雪茄是真的。生活中，他是一个狂吸雪茄几十年的老烟民，每天吸雪茄 20 支以上。雪茄能帮助他冷静地思考，亦能帮助他提高工作效率，不过，雪茄也给他的晚年生活带来了莫大的痛苦。因为常年吸雪茄，弗洛伊德患上了口腔癌，为了治疗，他坚持戒烟一年，但最终还是烟不离手。他接受了大大小小约三十次手术，痛苦不堪，最终亦死于癌症。

依照弗洛伊德的理论，爱抽烟的人都是因为在婴儿期未能充分地吸吮母乳，长大后，为了弥补心理上的缺憾，才用吸烟的方式来满足。他抽了一辈子雪茄，我们可以想象，他的童年过得如何呢？另一位心理学家铁钦纳在吸烟这方面做得比弗洛伊德有过之而无不及。他的理论是，一个男人若不会抽烟，就不要指望成为心理学家。他自己抽，也带着学生抽，有些不抽烟的学生碍于老师的面子，只好装装样子。

雪茄和心理学结合起来，其文化成分比单纯地吸食烟草要复杂得多。在很多时候，尤其是电影画面中，雪茄与男性性器官相联系，因此，舔舐雪茄被看作愚蠢的、荒唐的行为。美国有一位脱口秀主持人在接受施瓦辛格赠送的雪茄之后，拿起雪茄开始舔起来，让施瓦辛格当场傻眼——当然，这里有故意戏谑的成分。

在沉溺于吸食雪茄的男人中，很少人是纯粹生理上的依赖，更多的是心理上的寄托。比如，切·格瓦拉，他说："雪茄是我生命中的一部分。它是枪，它是道德，它在某些时候帮助我战胜自己！"对丘吉尔来说，雪茄是一种消遣和休息，也是情绪的释放。

丘吉尔也是一位雪茄迷，他给人的印象总是手里拿着一支雪茄。他每天抽掉 12 支雪茄，平均算下来，只要睁开眼睛，他就开始抽，全天处于吸食状态，直到他躺下睡觉。当年，丘吉尔听到蒙哥马利将军说“我不喝酒，不吸烟，睡眠充足，这就是我为什么能保持百分之百完美体形的秘诀”时，毫不客气地回敬道：“我喝酒很多，睡眠很少，不停地抽烟，这就是我为什么能保持百分之两百超完美体形的秘诀！”

事到如今，弗洛伊德的理论未必人人都赞同，但是吸雪茄的确给人带来心理上的补偿。抽雪茄能起到释放压力，带来创造力的功效，尤其对于男人来说。据说，花旗银行的执行官桑迪·威尔脾气暴躁，嗜好抽雪茄，部下向其汇报工作时，他亦大吸特吸。时间久了，部下发现了雪茄中的秘密。如果总裁的雪茄在他嘴里进进出出，说明他在倾听；如果左右来回移动，部下就该考虑住嘴了。

人人都知道吸烟有害健康，但是酷爱吸雪茄的弗洛伊德活了 83 岁，丘吉尔活了 90 岁，难道这是一个谬误吗？首先我们来看一下吸烟与吸雪茄的区别。因为吸食方法的差异，雪茄对肺部的伤害会比普通烟草小，不过，一支雪茄通常要吸 40 ~ 60 分钟，人始终在吐出的烟雾中停留，还会有一部分吸入肺里。香烟对人体的伤害不只是肺，还包括口腔黏膜和血管方面的慢性病。但是雪茄的量大，尼古丁含量自然高，和烟草吸食者相比，吸雪茄更容易患上口腔癌、舌癌和咽喉癌。

既然香烟、雪茄都对人体有不同程度的伤害，为什么人们仍趋之若鹜，不肯放弃呢？实在是因为不容易放弃。大多数烟民发出过“戒烟难，难于上青天”的感叹，作为老烟民的美国作家马克·吐温曾感叹道：“戒烟很容易，这只不过是我第一千次戒烟而已。”可见吸烟成瘾容易，戒断却不简单！

吸烟是一种习惯，也是难以抗拒的尼古丁成瘾行为。烟草燃烧产生的尼古丁以烟为载体，进入体内后，四分之一的量会进入大脑。在大脑皮层有一种尼古丁受体，受体被激活后，释放出多巴胺，这种神经递质令大脑产生愉悦的感受。尼古丁被排出体外后，多巴胺分泌水平下降，吸烟者很快会感到焦虑、烦躁、恶心、头痛，渴望重新体验愉快的感觉，于是再吸一根。如此循环，大脑形成了一个“奖赏回路”，对尼古丁产生严重的依赖。

老烟民的吸烟量特别大，通常一天一包或者两包。原因在于大脑对尼古丁的敏感反应下降了，想要大脑长期处在激活状态，必然需要大量的尼古丁不断补给。如今，世界卫生组织将烟草依赖，即尼古丁依赖看作药物成瘾之一，确认吸烟是对人类健康构成威胁的行为。

有暴力倾向的酒鬼——诺曼·梅勒

2007年11月10日，美国作家诺曼·梅勒因急性肾衰竭于曼哈顿的西奈山医院去世，终年84岁。这位年少成名，怀着万丈雄心，以莽汉姿态在文坛闯荡60年的硬汉，一辈子写了30多本书，得了无数奖项，他被人赞美，也受人诟病，他去世后，人们称“最后一个硬汉离开了”。

诺曼的个人形象非常鲜明，他个头不高，身材壮实，有着一头狂乱的鬈发，一开口说话，你便能感受到他强烈的生命力量和思想强度。他脾气火爆，口无遮拦，为逞口舌之快不计后果，与人恶语相向，甚至动拳动刀，他的好友、同僚甚至妻子都尝过来自他的暴力。

梅勒出生于1923年，16岁进入哈佛大学读机械专业。热爱文学的他喜欢海明威，开始创作生涯后，他获得了“海明威第二”的称号，在精神上，他把自己与海明威、托尔斯泰、陀思妥耶夫斯基相比。在哈佛大学拿到工程科学学位后，梅勒参军，随军到菲律宾参战。

23岁那年，梅勒凭借《裸者与死者》获得文坛上的名声，《裸者与死者》的一炮而红让梅勒拥有了超强的自信心，他曾公开宣布，要写一本“让陀思妥耶夫斯基和马克思、乔伊斯和弗洛伊德、司汤达、托尔斯泰、普鲁斯特和斯宾格勒、福克纳，甚至老朽的海明威都要去读”的小说。大话出口之后，梅勒屡创佳作，但符合这一标准的“伟大的美国小说”并未诞生。之后的《夜幕下的大军》和《刽子手之歌》为他摘得普利策奖，他多次获得诺贝尔文学

奖提名，可惜一直与奖项擦肩而过。

和喧嚣闹腾的私生活相比，梅勒的文学成就显得暗淡许多，诸多骇人听闻的举动影响了外界对他的评价。私生活上，梅勒一生结过 6 次婚，育有 9 个子女，为了负担前妻们的抚养费，他埋头工作，负债累累，酗酒吸毒，还有暴力倾向。梅勒是一个嗜好暴力的人，他说，如果不打一架就没办法好好读书。

在一次生日派对上，梅勒喝醉了，他撕破了自己的衬衫，跑到大街上想与人打架。当派对接近尾声时，被惹怒的梅勒拿起小刀朝他的第二任妻子阿黛拉刺去，刀刃刺破了她的心包膜，只差一英寸，阿黛拉就会被刺死。阿黛拉在回忆录中提到，在她怀孕 6 个月时，梅勒还捶过她的胃，强迫她参加集体派对，那次持刀伤人事件则是因为他嫉妒到发狂的地步。

20 世纪的美国文坛，一共出现过两次作家斗殴事件，一次源于海明威，一次来自梅勒。有一次，在录制电视节目时，梅勒与作家戈尔·维达尔起了争执，结果，维达尔被他打破了头。又有一次，他在遛狗时听到一个小流氓说他的狗是同性恋，梅勒勃然大怒，与小流氓打了起来，若不是对方手下留情，他可能已经瞎了一只眼睛。

梅勒暴戾好斗的性格和他母亲关系很大。这位梅勒太太向来认为自己的儿子不可能是平庸人物，梅勒读书期间，她曾经要求老师把梅勒的成绩从 C 改成 A，梅勒重伤阿黛拉之后，梅勒太太为儿子申辩说，嫁给他必然是不寻常的选择。她还曾抱怨过诺贝尔奖不颁给自己的儿子。

在梅勒的一生中，酗酒、打架、吸毒并不算骇人听闻，他曾经与一位杀人犯通信，在发现对方有一些文学天分后，他竟然把此人保释出来，帮他出版书信集。一个月后，这名杀人犯再次杀人，梅勒的行为也遭到了谴责。在他自己看来，这也是一段与光彩不沾边的人生经历。

不过，他的精神痛苦并没有让他跟随偶像海明威的步伐而走向自杀之路，梅勒以一个斗士的形象，写作到死，他希望一辈子能写出一部不朽巨著。他的文学成就是令人瞩目的，但其不检点的私生活令他的名声染上了污点。梅勒的一部分作品获得一致的高度评价，其余作品毁誉参半，可惜的是，他没有一部作品进入美国最伟大小说的名单。

贴在他身上的标签太多了，以至于人们无法把他纯粹地当成作家看待。

梅勒是激进的左翼人士，他反战，反对越战，反对伊战，为了正义，他到五角大楼前游行抗议，伊战期间，他称布什那伙人为“Bushites”，他也反对女性解放，对待女性，他则是一个大男子主义者，说女作家的作品是“蠢笨、无聊、神经病”。

他头脑冲动，酗酒闹事，为此坐过牢，他尝试过竞选纽约州长，很长时间里，他活跃于每一个政治场所；他不顾世俗的眼光，敢于挑战权威，对人和事做出犀利的评价；他还拍过五部反应平平的电影，担任导演期间，他把一个演员的下巴打脱落，把另一个人的耳朵咬破；他当过记者，采访过总统大选，懂得驾驶滑翔机，挑战过职业拳击手，抽大麻时，他丢下家庭和亲人，整天泡在灯红酒绿之地，过着糜烂的生活。

为此有人评价梅勒说，他是一个疯狂的浪子，无法定义自己的人生，却多次尝试改变国家和社会的命运。不过，他身上那股子不妥协的精神非常难能可贵，这也是维达尔被他打伤后依然觉得他纯真得可爱的原因吧。很少有人敢像他这样，在承受众多非议时坚持自己想做的一切，他想要所有人听到他的声音，因此，他坚持走自己的路，过自己喜欢的生活。

第九章

心灵走投无路——自杀

幻灭的上流社会梦——杰克·伦敦

说起自杀而终的作家，我们可以列出一长串名单：弗吉尼亚·伍尔夫、海明威、川端康成、芥川龙之介、三岛由纪夫、太宰治、三毛、海子……人们在讨论作家自杀现象时，试图从作家的人生经历、创作经历与思想历程找到原因，有过度阐释之嫌，但人们对作家及其作品的理解也会由此加深。

杰克·伦敦是一个自杀身亡的作家。他 1876 年出生在旧金山，是一个私生子，一生不知道生父是谁。8 个月大时，母亲抱着他嫁给了丧妻的约翰·伦敦，继承了继父的姓。继父不是一位成功人士，确切地说，他干一行败一行，导致家庭生活非常贫困，杰克从小就尝到了贫困的滋味。父亲破产，家境贫寒，杰克不得不过早开始工作。

从 11 岁起，杰克开始分担家庭重担，起初，他一边读书，一边当报童。当报童的日子，杰克早上三点去批发报纸，走街串巷地叫卖，卖完报纸去上学。放学之后，他继续去卖晚报。小学毕业后，杰克开始以不同方式出卖劳动力。在工厂做工，杰克每天要工作 10 个小时，有时候要连续工作 18 ~ 20 个小时，一个小时只有一毛钱的收入。他亲身体验到资本主义制度下劳工的心酸，这段经历后来出现在短篇小说《叛逆者》中。

痛苦的童年时代，奥克兰图书馆是唯一留给杰克快乐记忆的地方。奥克兰图书馆有很多书，而且免费对公众开放，从此之后，图书馆成了杰克·伦敦的精神圣地。16 岁之前，杰克的生活是做工—读书；读书—做工，在艰苦的条件下，杰克对读书的强烈欲望没有受到遏制，他把所有可能空闲的时间花在阅读上，抓到什么就读什么，从图书馆藏书到一毛钱一本的小说，只要有时间，他就读书。

从 17 岁开始，杰克到渔船上做水手，他去过朝鲜、日本和白令海峡，与风暴、孤独相伴的日子里，他始终没有放弃对阅读和写作的追求，在船上经历的一切成为他创作的宝贵素材。19 岁时，杰克·伦敦进入奥克兰中学。他给学校杂志投稿，还是学校辩论社的会员，因为未经批准在公园演讲，杰克被捕入狱。1896 年，杰克考入加利福尼亚大学，为了赡养父母，他只念了一

个学期。

同年，阿拉斯加发现了金矿，美国开始了淘金热潮，杰克跟随姐夫加入其中。他坚持了16个月，尽管经受了严寒和困苦生活的考验，但是没有采到一克金子。杰克患了败血症，失意而归，这段经历留给他的唯一财富是文学上的，淘金之旅失败，杰克开始埋头写作，他把淘金者的形象、淘金者的生活以及淘金地带的奇妙风貌变作了笔下的文字。

这位只接受过小学教育的作家，开始了为文学梦想拼搏奋斗的时光。如《马丁·伊登》中的主人公马丁那样，杰克每天阅读、写作，不知疲倦地坚持19个小时，他觉得每天睡5个小时是浪费生命。功夫不负有心人，杰克的作品先后获奖，逐渐走上了职业作家的道路。

杰克·伦敦是劳动者的儿子，他凭借对文学的信念、意志和毅力成为一位杰出的作家，遗憾的是，杰克在创作后期出现衰退之势。收获名利后，杰克沉溺个人享受，他购置游船、建造豪华别墅，打算遨游世界，为此，他赶写了大量粗制滥造的作品，宛如批量生产低劣作品的写作机器，去世前3年，杰克从作家变成了商人，只要给钱，他就写，不管写的内容或代表的立场。

自小尝尽了困顿之苦，杰克·伦敦追求出人头地无可厚非。坎坷的劳工生活经历为他的写作提供了素材，但他心中向往的却不是为劳工群体发声，而是经济上的富有，获得社会地位，成功、出人头地、金钱、权力、名声，这些是他希望靠写作获得的。当他获得了所有，人生的终极问题出现了：一生的奋斗到底是为了什么？

杰克通过个人奋斗成名成家，最终得到的不是欢乐，而是空虚，他写道："当生活变得又痛苦又让人厌倦的时候，死亡就会前来哄你睡去，一睡不醒。"杰克·伦敦用作品说明，一个人在困境中可以靠梦想坚持下去，困难让人内心变得强大；另外，他用自己的人生经历揭示，人一旦走出困顿，获得成功，生命的意义却可能悉数丧失。

杰克·伦敦一生写了许多颇受好评的长短篇小说、剧本和散文，其中较受欢迎的是《荒野的呼唤》《铁蹄》和《马丁·伊登》，最具代表性的作品即自传体小说《马丁·伊登》，小说描写了一个出身劳动家庭的作家的坎坷命运。1916 年，杰克用吗啡结束了自己的生命，这并不是他的第一次自杀，在小说《马丁·伊登》中，他已经让主人公马丁投海身亡。

杰克·伦敦年仅 40 岁便自杀，时处创作的高峰时期，他为什么会走上自杀的不归路？其中一个说法是，因为经济上的破产和家庭纠纷，杰克·伦敦受到了严重的心理打击。后人的研究提出了其他说法，如导致杰克丧失生活意志的其中一个原因是他日渐糟糕的身体状况。

去世前两年，杰克被诊断为肾炎，肾炎逐渐演变为尿毒症。此后两年，杰克尽量展示其精力充沛的一面，但是疾病的发展并没能依照他的意愿。倔强的杰克拒绝听从医生的劝告，如注意饮食、充分休息等，去世前的几个月，杰克搬到了夏威夷，希望那里的气候能帮助其恢复身体健康。

杰克·伦敦以服用吗啡结束了自己的生命，去世之前，杰克在《圣经》中的一段话下画了线——“你不应当从世俗或艺术角度进行思考，而应当从象征角度，从精神方面，从事思索。”

沦陷了精神故乡——茨威格

1942年2月23日，茨威格和他的第二任妻子伊丽莎白·绿蒂在巴西里约热内卢近郊的佩特罗波利斯小镇的寓所内服毒自杀。警察到场后发现，茨威格与妻子相拥在床上，一瓶矿泉水放在床边的桌子上，病理学家认定，他们死于巴比妥中毒，当时茨威格61岁，绿蒂33岁。

斯蒂芬·茨威格是奥地利著名小说家、传记作家，他“以德语创作赢得了不让于英、法语作品的广泛声誉”。茨威格善于运用各种体裁写作，他写过诗、小说、戏剧、传记，还从事过文学翻译，但以传记和小说最为著名。茨威格是一位犹太作家，自杀之前，欧洲战事正酣，他和妻子流亡到南美洲。

茨威格的身后事无疑风光无限。巴西总统为他举行国葬，成千上万的民众跟在灵车后为他送葬，他生前住过的别墅被政府买了下来，成为茨威格博物馆。然而，我们依然要追问，茨威格何至于走到自杀这一步呢？

茨威格是因为流亡国外，混得生计无着，穷困潦倒？还是因为他看不见前途，陷入悲观绝望？然而我们知道，直到去世，茨威格并没有体验过物质上的匮乏，由于拥有巴西的长期签证，他在里约热内卢受到了贵宾级的特殊礼遇，他在巴西举行作品朗诵会，大受欢迎，而且不乏荣誉和来访者。那么，为什么呢？多年来，茨威格的研究者们纷纷探讨他的死因，并就此提出种种疑问，尝试做过各种解释。

纵观茨威格的一生，除了创作生涯因纳粹的迫害出现坎坷，他没有经历过真正的苦难。茨威格家是奥地利的名门贵族，父亲是纺织行业的巨富，母亲出身银行世家。家境殷实，物质上的充足为他提供了沉浸文学和艺术的先决条件，未成名之前，他期待过作品出版，获得名声的前景，“我的每一本书，当它第一天在德国公开发行时就要销售两万册，而且报纸上还没有登过任何广告”。17 岁，他出版了第一部诗集，26 岁，他成为岛屿出版社的固定作者，其作品雅俗共赏，一出版就销售一空。

法西斯上台之前，茨威格处在事业高峰期。他的作品深受大众欢迎，销售量巨大，他以平易近人的姿态走入读者心中，唯一的遗憾是，评论家和文学史家没有给他的作品充分的评价。等茨威格的作品被焚毁、遭禁，评论家们彻底失去了评价的机会，作家和他的作品彻底从德国消失。这一消失就是百年，当茨威格的作品在美国、日本、苏联引起反响时，德国人还没有重视他的作品。

20 世纪 30 年代，犹太人处境艰难，茨威格的生活则以萨尔茨堡山上的豪宅为中心，充足的财力让他生活无忧，他的家吸引了众多艺术名流，此外，他还可以收藏名人手稿，搜集巴赫、海顿、莫扎特等人的乐谱。他不曾见过集中营，也没有佩戴过黄色大卫星。

青年时代，他接受了最好的教育，他在维也纳大学读书，在柏林大学读书。他才华横溢，身为一个犹太人，但是不曾遭遇歧视，也没有遇到麻烦。在思想和艺术上，他是一个标准的欧洲人，若不是希特勒，他早晚会忘记自己是一个犹太人。

他没有自主地认识到自己的犹太人身份，而是希特勒对犹太人的迫害逼着他承认的。从小接受欧洲价值观念的他，突然要接受被迫害的民族身份，茨威格观看世界和思索人生的角度发生了变化。

1933 年，法西斯上台，茨威格看出了希特勒并非善类，很快，纳粹的恶行波及茨威格身上。狂热的纳粹大学生焚烧进步作家、犹太作家的书籍，以表达对元首的忠诚，茨威格等作家的作品被大量焚毁，进步知识分子和科学家、作家受到迫害，不是被关进集中营，就是被迫流亡海外。

一年后，秘密警察对他家搜查一番，秘密警察没有搜出想要的东西，很显然，这是一次恐吓。对茨威格来说，搜查是莫大的耻辱，他因此离开奥地利。他离开萨尔茨堡前往英国，离开奥地利不久，他的第一次婚姻结束了。从 1934 年到 1940 年，除了两次访问美洲，茨威格一直住在英国，并取得英国国籍。随后他前往美洲，在巴西定居，其间，他集中力量写作自传《昨日的世界》，创作了中篇小说《象棋的故事》。

自杀之前，茨威格在绝命书上写道："……这个奇妙的国度巴西，它如此友善、好客地给我和我的工作以憩息的场所。我对这个国家的热爱与日俱增。与我说同一种语言的世界对我来说已沉沦，我的精神故乡欧罗巴亦已自我毁灭，从此以后，我更愿在此地开始重建我的生活。但是一个年逾六旬的人再度从头开始是需要特殊的力量的，而我的力量却因长年无家可归、浪迹天涯而消耗殆尽。所以我认为还不如及时、不失尊严地结束我的生命为好……"

在自传《昨日的世界》中，茨威格把这个观点写得更加详细。回顾一生，茨威格说他是属于昨日世界的，在那个世界里，他以作家的身份影响人们的思想，触动人们的感情，然而在现实世界，他感到无能为力。他无法以他的脑力劳动影响人们，那么他的最高乐趣便不再是乐趣。

流亡期间，茨威格在物质上依然享有优越的条件，可惜物质并不能决定一个人的幸福与不幸。对一个思维敏捷、感情细腻的人来说，精神上的折磨比物质上的匮乏、肉体上的酷刑更痛苦。茨威格遭受的折磨便是心灵上的。他弃国离家，漂泊在地球的另一端；他承受着心理上的痛苦，担忧着仍在国内受迫害的亲友和同胞；他无能为力，任何事都不能做，心理上的疲惫令其对命运的打击丧失了抵抗力。

大作家考虑的不仅是个人安危，还有对人类未来的担忧。在战争的摧残下，尸横遍野，人性泯灭，茨威格带着“昨日世界”的价值观和理想看今日之世界，他的理想破灭，万念俱灰。

硬汉的最后一枪——海明威

海明威一生被人称作硬汉，这位硬汉在他 62 岁时却把双筒猎枪伸进嘴里，扣动扳机，轰掉了自己的半个后脑。以如此惨烈的方式结束自己的生命，这是硬汉精神的最佳诠释吗？还是说，这位大文豪的自杀另有隐情？

关于海明威之死的原因，有多个版本的说法，有人说他晚年疾病缠身，身体上的疼痛摧毁了他的意志；有人说他被国家和战争欺骗，对社会现实失望至极，遂以死告别；也有人猜测他出于相当简单的原因自杀——家族性自杀倾向。真相到底如何呢？且先来看看海明威六十多年人生中的自杀痕迹吧。

年轻时，海明威已经多次与死亡擦身而过。继承了父亲爱冒险的性格，海明威喜欢打猎、钓鱼、在森林和湖泊中露营，从小在瓦隆湖的农舍中度过，海明威非常热爱自然，相反地，他对母亲希望他拥有的爱好——音乐兴趣不大。

在学校里，海明威在体育方面的成绩优越，英语和写作方面的天赋逐渐显露。升入高中，他成为学报编辑，尝试写作，高中毕业，他没有继续读大学，而是到《堪城星报》当一位记者，短短 6 个月的工作经历，海明威受到了良好的写作训练，他的写作习惯——偏爱在小说中使用简短利落的句子——正是当记者的经历留下来的宝贵财富。

“一战”爆发，海明威跟随红十字会救护队前往欧洲，进入意大利境内时，被炮弹炸伤，海明威住进了医院。疗养 20 个月，医生从他的腿上取出了 237 块弹片，这次受伤给海明威带来了严重的失眠和长久的恐惧，多年后再次谈起，他仍然心有余悸。不过，他并没有自此远离战场。1936 年，西班牙内战爆发，海明威以记者身份奔赴前线，根据这段经历，海明威创作了长篇小说《丧钟为谁而鸣》。

“二战”期间，海明威再次以记者身份奔赴各个战场，在一次汽车事故中，他头部受伤，缝了 57 针，后来又因为飞机失事造成了严重的脑震荡。战争结束，海明威依然受伤不断，他被猎枪的枪塞打伤了眼睛，去非洲打猎遇飞机坠毁，幸好捡了一条命回来。观其一生，海明威多灾多难，数次大难不死，但是死亡阴影一直笼罩着他的生活。

海明威第一次感受自杀是因为父亲。29 岁时，父亲因严重抑郁症自杀身亡。多年里，父亲的自杀令海明威感到气愤，他不能原谅父亲的懦夫行为。多年后，母亲把父亲留下的左轮手枪交给他，并附言“也许你愿意保存它”，海明威表示，他不知道这对他来说是什么兆头。晚年身体上的病痛丰富了海明威对死亡的想象。

若把作家的作品看作其内心世界的投射，我们可以看到海明威的内心充满了厮杀、鲜血和死亡的阴影。在他看来，死亡是人们无法逃避的、无法超越的可怕事实。和爱情、友谊、人生相比，唯有死亡是永恒的。在短篇小说《印第安营地》中，主人公尼克目睹了鲜血、痛苦、不幸和死亡，他不再纯真无知，变得创伤累累，他与父亲讨论自杀——这不是他的年龄应该讨论的问题。

长篇小说《太阳照样升起》中的巴恩斯，经历战争，没有死亡，但是失去了性能力，对男人来说，此痛生不如死。《永别了武器》中，主人公凯瑟琳死掉，死于难产——生命的开始与结束在同一时间降临。海明威认为，这世界上的人都免不了一死，勇敢也好，懦弱也好，善良也好，邪恶也好，迟早都会死。

生命中的最后 10 年，海明威因为疾病逐渐走入心理崩溃。海明威年轻时英俊潇洒，是一个大块头的帅哥。可是，年老和疾病让他变得日渐丑陋。他讨厌秃头，却不得不面对头发日益稀疏的事实。慢性皮肤病让他的鼻子、面颊长满了发炎的红斑，嘴边、眼睛旁不断有白色鳞片状的死皮剥落，这令他非常苦恼。

由于遗传，海明威生来视力不太好，由于打猎，他弄破了右瞳孔，后来害了眼病，从此开始间歇性地疼痛。由于长期的精神紧张、看书、高血压和散光，后来他眼睛的玻璃体开始恶化，有医生为其诊断说，他的眼病和糖尿病有关系。身体疾病没有办法摆脱，他只能诉诸酒精。“二战”之后，他便开始与酒精相伴，晚年更是完全依赖酒精。他的身体器官遭受酒精的毒害，考虑到身体状况，医生建议他戒酒，离开了酒，他反而变得更加痛苦难耐。

海明威晚年带着一身疾病生活，其转折点是他进入梅奥诊所。因为高血压，他住进了梅奥诊所，可是，治疗高血压的药物具有副作用，表现之一便是他的抑郁症加深了。在梅奥诊所接受的电击疗法对他的心理造成了巨大的打击，电击过程让他觉得整个脑袋将被毁掉，他的记忆力开始衰退，由此他开始担心失去想象力，失去作为作家的声誉，更可悲的是，他所担心的一切将随着治疗的深入变为现实。

作为一名艺术家，没有什么痛苦比创造力的枯竭更令其绝望。艺术家的精神世界永远重于物质世界，精神世界的毁灭等于宣布肉体的死亡——不能够创作的头脑还有什么用呢？海明威大概是这么想的吧，于是他选择了自杀，用最后一次勇敢行动为痛苦的肉体生涯画上一个句号。

海明威的父亲喜欢冒险、打猎、枪支，在小说中，他极力描写猎枪给自己带来的快感，他还把猎枪看作解决一切问题的法宝，猎枪能终结心理、道德、医学和经济学难题。当然，不乏有人从整个海明威家族来解读他的自杀——家族遗传性的自杀倾向。海明威家族，不仅是他和父亲死于自杀，海明威的妹妹身患癌症和抑郁症，后来也死于自杀。十几年之后，海明威的弟弟和他的孙女也相继死于自杀。

最新的基因科学研究证明，人体中的确存在一种特殊的基因，与自杀行为有关。在精神疾病诊断中，携带这一基因的病人比未携带这一基因的病人自杀概率更高。这种特殊基因的传递具有家族性，自杀和自杀企图都具有遗传特征。

独特而壮阔地流浪——三毛

听过齐豫歌声的人，都不会忘了那首《橄榄树》。

不要问我从哪里来

我的故乡在远方

为什么流浪

流浪远方

流浪

……

这首歌写于1973年，作曲人是台湾作曲家李泰祥，作词人是著名作家三毛。这是一首旋律优美的流行歌曲，也是一首很有故事的歌，歌词出自走过千山万水的三毛之手，她亦是一个很有故事的作家。1991年1月4日，三毛刚刚接受了一次手术，手术非常成功。凌晨两点左右，她走入浴室，以一种不可思议的方式告别了人间。三毛自杀了，时年48岁。

《橄榄树》中，三毛写道："还有，还有，为了梦中的橄榄树，橄榄树……"为什么流浪远方是为了梦中的橄榄树呢？因为荷西——三毛丈夫的家乡盛产橄榄树。那歌中橄榄树的象征因此变得简单，它只是西班牙南部的一个地方，一个生养她的爱人的自然环境。

有人说，女作家的生平总是和她的情史相重叠，讲述三毛的生平，其轰轰烈烈的爱情不能避免，但是足以概括她一生的词汇却不是爱情，而是流浪。

她的文学作品、她走遍世界的游历经历，她真挚质朴的情感之路，无不展现着浪迹天涯的浪漫。

三毛原名陈平，因读了张乐平的《三毛流浪记》，遂用“三毛”作笔名。她生于重庆。彼时父亲与伯父在重庆做律师，抗战结束后，两兄弟回到南京，开起了律师事务所。1948 年，三毛跟随家人迁往台湾，开始上小学。从小她就表现出叛逆的个性，她不接受老师的体罚，不想上学就待在家里看书，父母拿她没办法，只好任她自处。不上学的日子里，三毛学画画，那时候她想成为画家，而不是作家。

三毛有个性，在同学中是独特的女生，大学时期，她谈过男朋友，后来爱上了一个具有西洋学者气质的德国人，恋人因为心脏病去世，三毛难过得一度想要自杀。三毛性格刚烈，她不在乎别人怎么看，不喜欢按照世俗标准生活，在 4 个兄弟姐妹中，三毛是最不依常规做事、最不能忍受虚假的一个，不过，恋爱的挫折让她纯真的心灵布满了沧桑。

为了治愈情伤，三毛远走西班牙。在那里遇到荷西，三毛再次坠入爱河，与荷西结婚后，三毛跟随丈夫定居西属撒哈拉沙漠加纳利岛，以当地生活为背景，三毛写下了《撒哈拉的故事》等作品。在荷西的陪伴下，三毛一边写作，一边在沙漠里探险，她的文字轻盈、快乐，字里行间流露着婚姻生活的甜蜜，吵架、离家也变成了甜蜜的负担。荷西去世后，三毛再也写不出热情、洒脱的文字了。

为何选择自杀？关于三毛的自杀，至今众说纷纭，甚至有传闻她并未自杀，而是他杀。以如此惊悚的方式解读一位作家的离世，未免太耸人听闻了。关于三毛的死因，有这样三个版本，一是说她没得到金马奖，一是说她思念荷西，还有一种说法是三毛患有抑郁症，因服药过量导致死亡。

三毛自幼体弱多病，早年的恋情失败，恋人去世，婚礼变葬礼，她已经萌生过自杀的念头。荷西去世后，她心如死灰，若非父母、朋友一直劝她不要自杀，她恐怕早已随荷西而去。可是，除了对亲人的承诺，三毛已经失去了生活的动力，她的文字变得暗淡，失去了灵性，她开始接触通灵之术，尝试与荷西交流。疾病并非她自杀理由的全部，生无可恋才会走上死路，正如苏格拉底说的，我去死，你们去活，谁走的路更好，唯有神知道。与其行尸走肉般活着，死亡未尝不是解脱。

第十章

其他障碍

住在疗养院的艺术家——草间弥生

不管走到哪里，草间弥生都以最具标志性的装扮出现：红色的假发、红色唇膏，还有她的经典波点服装。草间弥生有很多称号，波点女王、日本艺术天后、精神病患者、怪婆婆……她的作品，无不以波点、圆点、饱满亮丽的颜色为特点，以无限重复展示出广阔的宇宙。她如此创作，并非刻意为之，而是她所看到的世界就是那个样子的。

1929 年，草间弥生出生于日本长野县松本市，草间家族在一百多年里一直经营种子生意，家境富裕、衣食无忧，但是家庭并无幸福可言。父亲生活放浪，流连在众多女人之间，后来干脆离家出走，母亲掌管着草间家的事业，把家族生意经营得有声有色，同时患上了歇斯底里症。父母的不幸婚姻令她心生恐惧，自幼养成了孤僻、安静的性格。

大人自顾不暇，没有人发现小女孩的异常。10 岁之前，她是一个不快乐的小女孩，在母亲看来，女儿的幻觉是胡说八道，她的爱好——画画更不是富家女应该做的事。有钱人应当做艺术品的收藏者，而不是致力于成为艺术品的作者。母亲毁掉她的画布，惩罚她，让她和工人一起干活，还经常把她关起来。父母带给她的强烈恐惧令其接近精神崩溃。

后来，她被诊断为神经性视听障碍，伴随她多年的幻听、幻视终于有了科学的答案。由于疾病，她看到的世界蒙着一张网，而她能做的就是把所看到的一切画下来，不管那是现实还是幻象。画画的爱好不被家人看好，草间弥生就偷偷地施展她的创造力。她把花卉植物描绘成张牙舞爪的怪物，宛如愤怒的花朵、暴走的植物，童年创作后来成为她的一个艺术主题，即“午夜怒放之花”系列。

27岁，草间弥生拿到美国签证，离开日本之前，母亲给了她100万日元，叫她永远不要再踏入家门。为了表达愤怒，草间弥生在河堤上毁掉了多年来的上千幅习作。草间弥生移居美国，在纽约，她混迹当代艺术圈。

她在纽约的早期经历可以用穷困潦倒来形容。她不懂英语，身无分文，卖掉一幅作品都非常艰难，当时她租住在公寓里，如果半夜被冻醒的话，她就一直画画到天亮。抵达纽约一年半后，草间弥生的作品参加了一次年轻艺术家的群展，她的圆点受到了评论家的注意，其作品的原创力量和前卫形式得到了一致好评。

1964年，草间弥生把阴茎模样的软雕塑塞进船里，摆满了整个房间，组织了名为“千船会”的展览。“千船会”展览之后，草间弥生得到同行和评论家的注意，但距离被主流艺术圈认可还有漫长的距离，她还是无法摆脱财务上的困境。

为此，草间弥生开始投入行为艺术的演出当中，她和模特们在裸露的身体上喷上蓝色的波尔卡圆点。1968年，她组织了一系列的裸体集会，她化着浓妆，披着长发，穿着怪异的服装，在广场或公园恣意地表演，惊世骇俗的行为让她迅速成为媒体追逐的对象。借此行为艺术，草间弥生获得了不菲的收入。

疯狂地投入艺术，使得这位小个子东方女性获得纽约艺术界的关注，但也给她带来了负面影响。她在艺术创作中彻底释放，甚至裸露身体登场，她的朋友无法接受，认为她一心求名求利，放弃了艺术家的底线，日本的家人则认为其行为放荡，彻底与她断绝关系。

几年之间，草间弥生以前卫的艺术风格一跃成为耀眼的艺术明星，在纽约，她完成了人生中的大部分作品。成名之后，人们给她贴上各种各样的标签，如女权主义、极简主义、波普主义，她则定义自己为一个精神病艺术家。

极度重复是草间弥生一直以来的艺术风格。她把极度重复应用到绘画作品中，后来扩展到雕塑、装置艺术领域。巧的是，她的风格引领了美国的波普艺术，那些借鉴她的作品风格的美国艺术家如今成名成家。

在纽约，她遇到了与她心灵相通的艺术家约瑟夫·柯内尔，两人一直相伴到 1972 年，柯内尔去世，草间弥生的精神问题变得越发严重，一度患上了精神分裂症。柯内尔去世第二年，她选择离开纽约，离开艺术家圈子，逃离媒体视野，她带着一身疲惫和糟糕的精神状态回到日本，开始她的精神疗养院生活。

在日本生活三十多年，草间弥生每天在精神病院和工作室之间穿梭，白天，她到工作室“上班”，工作至少 8 个小时后，晚上回到疗养院，那里有她单独的房间，除了画画，她还写小说、写诗、画设计图。两点一线的生活非常简单，因此她不外出，很少见客，更不会使用电脑和手机。

一生当中，她在疾病的状态下创作，也用艺术作品和精神分裂症作斗争。由幻觉创造的作品成就了她的名声，为此，不少人怀疑她患病的真实性，质疑她放大了精神问题，借以炒作。不过，直到三十年后的今天，草间弥生依然住在疗养院里。

草间弥生最具代表性的作品便是“南瓜波点系列”，日本人对南瓜的感情深厚，草间弥生对南瓜和波点的喜爱变成了执着。在她眼中，每一个南瓜都有其独特的纹理和形状，是富于变化的，她用波点来表现南瓜的变化。

20 世纪 90 年代，草间弥生效仿村上隆的商业化道路，与世界知名奢侈品牌合作，她的圆点、波点也随之进入商业艺术的领域。她为 LV 设计南瓜波点系列手袋、钱包，为兰蔻设计唇彩、睫毛膏和化妆包，为海港城设计限量购物袋……她的设计引领了时尚潮流。

如今，草间弥生已经不只是超越同代人的前卫艺术家，她的艺术理念融入了人们的日常生活。几乎每一位女生都有波点图案的物品，裙子、包包或化妆品，这些波点便是草间弥生创作的艺术。

年过 80 岁的怪婆婆今天仍然住在精神病院里，她享受那里安详宁静的氛围，年老体衰，力不从心。但她坚持创作，或许岁月让她对生命、对艺术有了新的感悟，她的作品不再如年轻时离经叛道，而是进入了单纯的世界，形式上靓丽、漂亮，给人快乐、简单、明亮的感受。

阿尔茨海默症——撒切尔夫人

2013年，撒切尔夫人去世，享年87岁。生前，她是牛津大学理学士和文学硕士，是英国历史上唯一一位女首相，而且连任三届，任期长达11年；她的政治手腕强悍，面对内政或外交都是一副强硬作风，故被苏联国防部主办的《红星报》称为“铁娘子”。

撒切尔夫人出生在英格兰小镇的杂货商家庭，其全名为玛格丽特·希尔达·罗伯茨。父亲是一名杂货商，热衷地方政治，受父亲影响，她从小对政治产生兴趣，进入牛津大学后，她的专业是化学，但是对政治的热情超越了她的专业，业余时间里，她去参加保守党的会议、辩论和群众大会，打工的薪水则成为她的政治活动经费。

1951年，玛格丽特·希尔达·罗伯茨成为撒切尔夫人，婚后，她继续活跃在保守党阵营中，1979年，保守党大选获胜，撒切尔夫人出任首相，成为英国历史上第一位女首相。在就职典礼上，她如此表明她的政治主张：“在有冲突的地方，给予和谐；在有谬误的地方，宣扬真理；在有疑虑的地方，带去信仰；在有失望的地方，唤起希望。”作为首相，撒切尔夫人的表现比男人还要强悍。

执政后，撒切尔夫人在国内实行货币主义经济政策，降低税收，限制公共开支，提倡私有化，削弱工会力量，由此导致了大批劳工失业，连丈夫丹尼斯都觉得她的政策缺乏同情心，执行起来太不近人情了，她则坚定立场，表明“同情”从未出现在她的词典里。她执政到 1990 年，虽然中间经历风波，但从未有人撼动她的地位。面临是否加入欧盟的问题，撒切尔夫人持坚决反对态度，她要捍卫英国的财政主权，为此，她遭到盟友逼宫，被迫下台。

日常工作中，撒切尔夫人喜欢在政府文件上做批注，措辞严厉，态度鲜明。她会直接在批注中写“这份文案太粗略，或许无法在内阁会议上讨论”或“太缺乏内容”等字样。私下里，她喜欢威士忌、吸烟，对待下属要求严格。撒切尔夫人是一位成功的政治家，却是一位失败的母亲。她的龙凤胎儿女在成长时期与保姆相伴的时间长过与母亲相处的时间，进入青春期，儿子马克频繁出状况，导致他的首相母亲从国外访问归来的第一件事是去学校给他收拾烂摊子。

强人不敌岁月磨，撒切尔夫人一生奋进，强硬，固执己见，其晚年却活在阿尔茨海默症的阴影之下。离任后，撒切尔夫人除了出席社交活动和演讲场合，基本上回归家庭，2002 年，由于出现数次轻度中风，撒切尔夫人结束了一切社交活动。中风使得她的记忆力受损，她发现看书读报已经毫无意义，因为她看了上句忘下句。这时候，她只是短时记忆的丧失，对年轻时候的记忆依然清晰，如有朋友在聊天时提到“定量配给”这个语词，她的眼睛一亮，一下子回想起“二战”期间的许多往事。

年轻时，撒切尔夫人拥有扫描仪一般的记忆能力，她可以在不查阅任何资料的情况下随口说出几年前的经济统计数据，当阿尔茨海默症逐渐恶化时，她经常重复问同一个问题，根本不记得已经说过好几遍了，到最后，她连一个完整的句子也拼凑不出来了。

罹患阿尔茨海默症的名人不只有撒切尔夫人，还有凭《百年孤独》获得诺贝尔文学奖的哥伦比亚作家加西亚·马尔克斯和美国前总统里根。马尔克斯去世于 2014 年，享年 87 岁，在他去世前两年，因患阿尔茨海默症，马尔克斯已经无法写作，计划中的回忆录第二卷、第三卷也无法完成。

马尔克斯家族有阿尔茨海默症遗传史，马尔克斯在接受了淋巴癌化疗之后，他的大脑受损，加速了阿尔茨海默症的恶化。阿尔茨海默症不仅影响了作家的创作力，更严重的是影响作家的生活。尽管他看起来快乐，充满激情，但他不认识亲近的朋友，也不记得什么时候吃的饭。

美国前总统里根对阿尔茨海默症做出了巨大贡献，他以公布自己患病消息的方式，吸引了全球人士对阿尔茨海默症的关注。里根病逝于 2004 年，去世前 10 年，里根已经被确诊为阿尔茨海默症。这期间，媒体全程记录了里根的病情发展。患病之前，里根每天外出办公、锻炼、打高尔夫球、在海滩散步，随着病情加重，他不仅无法说话、步行，还不能自己吃饭，妻子南希每日在他身边照顾，到最后，他连妻子都认不出来了。

阿尔茨海默症频频出现在总统、首相、作家等人身上，让人不禁怀疑，难道阿尔茨海默症是精英疾病，教育水平高、长时间用脑者更容易患此病吗？其实不然。阿尔茨海默症并非高级知识分子的“专利”，相反地，它不分性别和阶层，受教育水平越低，患病的风险越高。比如德国，随着女性受教育水平的提高，女性阿尔茨海默症病人反而减少了。

阿尔茨海默症是困扰全世界老年人的一大疾病，它还有一个称号是“老人杀手”，因为老年人的发病率非常高，全世界有 5% 的男性和 6% 的女性患有此病，随着人类寿命的延长，病人也会随着增多。

通常情况下，病人会在 60 岁之后发病。发病初期，病人会无法叫出熟悉物品的名字，如看见西红柿，突然就忘记它叫“西红柿”了，还可能把辣椒说成茄子，把茄子说成西红柿。病人不仅在物品名称方面出现障碍，对时间、地点、事件也会逐渐记不清。病情严重时，不仅记忆力下降，智力下降，认知能力丧失，病人连生活也不能自理，直到带着空白的大脑离开人世。

魔鬼的儿子——帕格尼尼

尼科洛·帕格尼尼是意大利的小提琴家、作曲家，是浪漫主义时期首屈一指的演奏大师，他对小提琴演奏技术进行了很多创新，作品以艰深、难以演奏而闻名，演奏以炫技、充满激情为特点。帕格尼尼的演奏并非为了炫技而炫技，他自身的优势条件保证了他的炫技既可以取悦观众，而且不会伤害作品的音乐性。

帕格尼尼出生于 1782 年的热那亚，父亲是一位商人，爱好音乐，3 岁时，父亲开始教他小提琴演奏技巧，后来让他师从小提琴家塞尔维托·科斯塔学习。在同时代人眼中，帕格尼尼是一位天才，也是一个奇人。一般小提琴家只有在高把位才能用一指、三指在两条弦上拉出八度音，帕格尼尼则可以用四根手指在四条弦上拉出四个八度，简单来说，他需要在手掌保持弯曲的情况下，将食指和小指拉开至少 20 厘米的距离。

8 岁时，帕格尼尼创作了第一首小提琴奏鸣曲，11 岁时演奏了自己创作的《变奏曲》，12 岁时将《卡马尼奥拉》改编成变奏曲并登台演奏，一举成功。他热爱音乐，热爱小提琴，每天用 12 个小时练习演奏，13 岁那年，他在意大利北部旅行演出，到了 15 岁，他凭借高超的演奏技巧在意、法、奥、德、英、捷克等国获得了名声。

帕格尼尼那不循规蹈矩又充满激情的演奏很快征服了整个欧洲。他身材瘦长，拉琴时，他的情绪激越，如痴如醉，宛如被魔鬼附身，因此有人说，帕格尼尼是魔鬼的儿子，他的双手和灵魂都被撒旦掌握了。辉煌时期，听他演奏的人们常说："大师你拉错几个音符吧，这样能看起来像人类一些。"

从此之后，帕格尼尼走上成功之路，他到哪里演出，哪里就会出现轰动，名声不胫而走，金钱蜂拥而至，不过，钱来得快走得也快。帕格尼尼继承了他父亲嗜赌如命的恶习，滚滚而来的金钱很快被他输得精光。

后来，帕格尼尼因为杀妻（一说是情人）而坐牢，为了消遣，他从看守那里拿到一把只有一根弦的小提琴，于是，他在一根 G 弦上练习，流传后世的"独弦操"就是在监狱中练就的。1805 年，帕格尼尼被拿破仑的妹妹卢卡和皮翁博公主请到宫廷里当乐长，工作是每两个星期在宫廷演奏会上演奏一次，他在 G 弦上的技巧令人折服，尽管他的泛音让皮翁博公主头疼不已，可他的才华依然受到了肯定。

除了小提琴，帕格尼尼还花了多年时间研究吉他。他不仅会演奏吉他，还是一个吉他专家，为了深入研究吉他的演奏技法，他在多年里放弃了小提琴的演奏活动。帕格尼尼研究吉他的时期，正值古典吉他艺术处于低潮期，于是，他把吉他的演奏技法运用到小提琴演奏上，增加了小提琴的表演力。去世之后，帕格尼尼留下了大量作品，其中大部分是小提琴作品，也有不少吉他曲目。他的小提琴曲技巧艰深，吉他曲却平易优美，很少有炫技之作。

帕格尼尼是一位演奏家，还是一位作曲家，他在公开场合只演奏自己的作品。他在演奏和作曲两方面把小提琴技巧推上了顶峰，为后代留下了一批优秀的小提琴作品，如《无穷动》《威尼斯狂欢节》《女巫之舞》《二十四首随想曲》等。1813 年，帕格尼尼在观看芭蕾舞剧《贝涅温图的婚礼》后心生灵感，他把核桃树下女巫主题一段单独拿出来，写出了著名的《女巫之舞》。

1826 年，帕格尼尼写下《第二小提琴协奏曲》，其中第二乐章的标题是

《钟》，李斯特的钢琴曲《钟》便是由此改编而来。据说帕格尼尼的原曲非常之难，只有他本人才能演奏，为了后人能够演奏帕格尼尼的作品，维尔赫密对其进行了改编。

帕格尼尼满身才华，他的人生之路并未因此一帆风顺。从童年到晚年，帕格尼尼一直与疾病相伴。4 岁时，他患上了麻疹和强直昏厥症，险些进了棺材，7 岁时患上猩红热，13 岁时患肺炎，40 岁时，因为牙床长脓疮而拔掉了大部分牙齿，牙病刚好，眼病紧随而至，到了 50 岁，他成了一个病秧子、药罐子，关节炎、肠道炎、喉结核纷纷找来，在各类疾病的多重折磨下，帕格尼尼于 57 岁口吐鲜血而亡。

个人性情方面，帕格尼尼风流倜傥、特立独行、放荡不羁，不喜欢受到约束，这一性情淋漓尽致地展现在他的演奏当中。演奏时，他把主观情感放在首要位置，使用夸张、对比的方式，创造奇特的音响效果，艰深的炫技表演和即兴的表达是他最擅长的。他不循规蹈矩的演奏曾一度被人们视为挑衅，为此，他遭到了批判。

帕格尼尼生前有“魔鬼之子”的称号，世人喜爱他、称赞他，也批判他、诋毁他。去世之后，这位小提琴家的尸身却辗转多处，多年后才入土为安，其身后经历比他一生的经历都悲惨、曲折。

临死前，牧师未能及时赶到为他祈祷，加之坊间流传的关于他的“魔鬼谣言”，热那亚教堂的主教拒绝为他举办天主教的葬礼，拒绝收留他的遗体。他的朋友只好把尸体注射防腐剂，暂存起来。尸体停放了两个月，当局仍然不同意下葬，辗转多个港口后，他的尸体在一座无人小岛上停放了 4 年，4 年后，遗体运回热那亚，依然不能下葬。三十多年后，帕格尼尼的儿子与教会交涉，最后用屈服教会勒索的方式——支付了 150 万马克赎罪金的代价，让流浪多年的尸身找到了安息之地。

帕格尼尼在音乐上的造诣是不容置疑的，他有极高天赋，才华横溢，他堕落又幸运，潦倒之后遇贵人相助，他的曲子很诡异，又不失优美。但是今天的小提琴学员并没有因为他的才华而崇拜他，著名的《帕格尼尼狂想曲》深受李斯特和拉赫玛尼诺夫喜爱，并被改编为变奏曲，但是21世纪的小提琴学习者只会觉得：写出这么艰深曲子的作曲家一定是个疯子吧。

参考资料

1. [美] 戴尔・卡耐基:《林肯传》，华中科技大学出版社，2016 年版。

2. [法] 罗曼・罗兰著，傅雷译:《托尔斯泰传》，四川人民出版社，2017 年版。

3. [美] 马丁・吉特林:《英格兰玫瑰——戴安娜王妃传》，华夏出版社，2012 年版。

4. [加] 康拉德・布莱克:《罗斯福传: 坐在轮椅上转动世界的巨人》，中信出版社，2005 年版。

5. 张盈盈:《张纯如: 无法忘却历史的女子》，中信出版社，2012 年版。

6. 陈祉妍:《喜剧演员的抑郁症》，载《商周刊》，2014 年第 17 期。

7. [美] 朱立安・李布、D. 杰布罗・赫士曼:《躁狂抑郁多才俊》，三联书店上海分店，2007 年版。

8. 周福春:《天才纳什的"错位人生"》，载《北京科技报》，2015 年 06 月 08 日。

9. 朱晓映:《伍尔夫和普拉斯: 阁楼上的疯女人》，载《学海》，2006 年第 5 期。

10. [美] 威廉・C. 普拉特:《囹圄中的诗人——埃兹拉・庞德印象记》，载《文化译丛》，1991 年第 4 期。

11. [英] 刘易斯・卡罗尔:《爱丽斯漫游仙境》，吉林美术出版社，2014

年版。

12. 李健吾：《福楼拜评传》，广西师大出版社，2007 年版。

13. 杨开显：《死于痛苦和疯狂的莫泊桑》，载《世界文化》，2005 年第 4 期。

14. 余凤高：《癫痫体验和陀思妥耶夫斯基的创作》，载《名作欣赏》，2011 年第 10 期。

15. [德] 奈佛：《爱因斯坦传》，中央编译出版社，2013 年版。

16. [丹麦] 德拉戈尔：《在蓝色中旅行：安徒生传》，译林出版社，2005 年版。

17. [美] 欧文 · 斯通：《痛苦与狂喜：向石而生——米开朗基罗传》，南京大学出版社，2016 年版。

18. [美] 约翰 · 艾尔德 · 罗宾逊：《看着我的眼睛——我和阿斯伯格综合征》，人民文学出版社，2010 年版。)

19. 李柳枫：《论卡夫卡的身份焦虑》，载《文学教育》，2011 年第 4 期。

20. [俄] 阿 · 德 · 涅克拉索夫：《达尔文传》，吉林文史出版社，2016 年版。

21. [美] 约翰 · L. 卡斯蒂、[奥] 维尔纳 · 德波利：《逻辑人生——哥德尔传》，上海科教出版社，2008 年版。

22. [意] 皮耶罗 · 拉塔利诺：《拉赫玛尼诺夫》，上海音乐出版社，2013 年版。

23. [法] 卢梭：《忏悔录》，团结出版社，2016 年版。

24. [德] 埃米尔 · 路德维希：《拿破仑传》，北方文艺出版社，2018 年版。

25. [美] 沃尔特 · 艾萨克森：《史蒂夫 · 乔布斯传》，中信出版社，2011 年版。

26. [美] 凯鲁亚克：《在路上》，上海译文出版社，2006 年版。

27. [英] 戴维斯:《披头士》，中信出版社，2015 年版。

28. [英] 厄内斯特 · 琼斯:《弗洛伊德传》，中央编译出版社，2018 年版。

29. 张懿:《兰波：我愿成为任何人》,《中国邮政报》，2004 年 10 月 30 日。

30. [美] 萨莉 · 肖尔茨:《波伏娃》，中华书局，2014 年版。

31. [美] 杰克 · 伦敦:《马丁 · 伊登》，人民文学出版社，2013 年版。

32. [奥] 斯蒂芬 · 茨威格:《昨日世界：茨威格自传》，江苏凤凰文艺出版社，2017 年版。

33. [美] 约翰 · 海明威:《海明威家的厄运——一部家族回忆录》，上海三联文化传播有限公司，2016 年版。

34. 陈琅语:《三毛：流浪是对自由的寄托》，天津人民出版社，2017 年版。

35. 况锐:《游走于疯癫与真实之间的圆点艺术家——草间弥生》，载《美术大观》，2014 年第 6 期。

36. [英] 乔纳森 · 艾特肯:《撒切尔夫人》，重庆出版社，2016 年版。

37. 陈金鹏:《帕格尼尼的爱与愁》，载《世界文化》，2007 年第 5 期。

图书在版编目（CIP）数据

变态心理学．第三季 / 纪如景著．—北京：中国法制出版社，2018.8
（心理学世界）
ISBN 978-7-5093-9349-9

Ⅰ．①变…　Ⅱ．①纪…　Ⅲ．①变态心理学—通俗读物
Ⅳ．① B846-49

中国版本图书馆 CIP 数据核字（2018）第 051404 号

责任编辑：郭会娟（gina0214@126.com）　　封面设计：汪要军

变态心理学．第三季

BIANTAI XINLIXUE. DI-SAN JI

著者 / 纪如景

经销 / 新华书店

印刷 / 北京海纳百川印刷有限公司

开本 / 710 毫米 ×1000 毫米　16 开　　印张 / 13.25　字数 / 201 千

版次 / 2018 年 8 月第 1 版　　2018 年 8 月第 1 次印刷

中国法制出版社出版

书号 ISBN 978-7-5093-9349-9　　定价：39.80 元

值班电话：010-66026508

北京西单横二条 2 号　邮政编码 100031　　传真：010-66031119

网址：http://www.zgfzs.com　　**编辑部电话：010-66054911**

市场营销部电话：010-66033393　　**邮购部电话：010-66033288**

（如有印装质量问题，请与本社印务部联系调换。电话：010-66032926）